«Ich bin so viel unterwegs in der Natur, schaue mir tagelang Landschaften und ihre pflanzlichen (und auch mal tierischen, ja menschlichen) Bewohner an, dass sich mir einfach Bilder und Vergleiche aufgedrängt haben. Permanent begegnen sie mir, die Eiferer, Stalker, Streber, die Ab-, Be-, Ver- und Wegdrängler. Allein dadurch, dass ich sie in ihrem Wuchs, in ihrem Verhalten beobachte und mir ihr Vorgehen bildhaft abrufe, fällt es mir leichter, sie im Gedächtnis zu behalten, auch ihre Namen.»

Jürgen Feder, 1960 in Flensburg geboren, ist Dipl.-Ing. für Landespflege, Flora und Vegetationskunde und zählt zu den bekanntesten Experten für Botanik in Deutschland. Nach dem Abitur absolvierte er eine Ausbildung zum Landschaftsgärtner, bevor er sich dem Studium der Landespflege in Hannover widmete. Lange Zeit war er als selbständiger Landespfleger und Chef-Pflanzenkartierer tätig. Heute lebt er in Bremen.

JÜRGEN FEDER

VON DIVEN, DRÄNGLERN UND FLEISSIGEN LIESCHEN

Feders Charakterkunde der Pflanzen

Rowohlt Taschenbuch Verlag

Originalausgabe
Veröffentlicht im Rowohlt Taschenbuch Verlag,
Hamburg bei Reinbek, Mai 2019
Copyright © 2019 by Rowohlt Verlag GmbH, Hamburg bei Reinbek
Redaktion Regina Carstensen und Ulrike Gallwitz
Umschlaggestaltung ZERO Media GmbH, München
Umschlagillustration Patrick Wirbeleit
Foto des Autors Thorsten Wulff
Schrift Albertina MT Pro
Typografie Farnschläder & Mahlstedt, Hamburg
Druck und Bindung GGP Media GmbH, Pößneck, Germany
ISBN 978 3 499 63400 0

Inhalt

Vorwort 7

Typ Aufgeblasener Pfau 14

Typ Aschenputtel 29

Typ Barhocker 45

Typ Diva 58

Typ Drängler 73

Typ Fleißiges Lieschen 86

Typ Extremist 97

Typ Giftzahn 106

Typ Heiler 115

Typ Hysteriker 124

Typ Mimose 131

Typ Draufgänger 141

Typ Narzisst 151

Typ Nervensäge 160

Typ Neubürger 171

Typ Bombastic 181

Typ Schmuddelkind 192

Typ Showmaker 200

Typ Spießer 212

Typ Techniker 218

Typ Trostspender 227

Typ Kratzbürste 236

Typ Vorwitz 248

Typ Zackig 258

Typ Zwangsneurotiker 269

Nachwort 276

Anhang
Literatur 278
Dank 280
Pflanzenregister 281

Es ist nicht wichtig,
was du betrachtest,
sondern was du siehst!

Henry David Thoreau

Vorwort

Wer eine dicke Nase hat, ist träge wie ein Ochse», postulierte Aristoteles in seiner Physiognomik. Sie diente mehr als zwei Jahrtausende später noch Johann Caspar Lavater als Anregung für seine *Physiognomischen Fragmente zur Beförderung der Menschenkenntnis und Menschenliebe*, eine Mustersammlung von Physiognomien berühmter Männer, die sich in der Nasenfrage zu der Aufforderung versteigt: «Oh, Ihr Fürsten! wenn Ihr Eure Männer wählt, seht Euch vor allem ihre Nasen an.»

Seit biblischen Zeiten, Salomon 30,33 bezeugt es, galt die Nase als zentraler Bestandteil der Physiognomie, wenn es um die charakterliche Beurteilung ihres Trägers ging. Denn alles in seinem Gesicht vermochte der Mensch zu schönen: durch gleisnerisches Lächeln den bösen Mund, durch hoch ausgezupfte Augenbrauen den Dolchblick, durch Allongeperücke und Puder den syphilitischen Ausschlag, der nicht eben auf sittlichen Lebenswandel schließen ließ. Nur an der Nase, diesem Gefüge aus Knochen und Knorpel, scheiterten alle Versuche des Kaschierens – die dyseptische rote Knolle verriet den Trunkenbold, die Sattelnase den Casanova im fortgeschrittenen Stadium der Syphilis. «Der Auswuchs bestätigt die Wurzel», lehrte Sokrates, selbst Besitzer einer derart unförmigen Nase, dass er – Menschenfreund, der er war – beim Hochzeitsgott der Griechen altruistisch Fürbitte leistete: «Gütiger Hymenäus, bewahre alle jungen Männer vor einem solchen ‹Schnitzwerk im Gesicht›.»

Quer durch die Jahrtausende haben Dichter, Denker und Wissenschaftler zu ergründen versucht, welche Bewandtnis es mit dem äußerlichen Antlitz hat und ob man daraus auf bestimmte Tugenden und Charaktereigenschaften eines Menschen schließen könne. So behauptete zum Beispiel Dr. med. Friedrich Schiller, gelernter Militärarzt und mit einem Vogelkopf auf kränkelndem Leib geschlagen, dass «körperliche Schönheit Ausdruck einer inneren Schönheit» sei.

Doch erst Lavater begründete die Lehre von der Physiognomik, der zufolge sich Charakter und Wesen eines Menschen aus seinem Gesicht ablesen ließen: Eine Hakennase beispielsweise machte ihren Träger als Erpresser oder gar Spion verdächtig, «der in sprungbereiter Lauer durchs Leben geht». Buschige Augenbrauen, wie etwa die von Theo Waigel oder Leonid Breschnew, sprachen für «Verschlagenheit und Hinterlist», eine hohe Stirn, wie sie Wolfgang Amadeus Mozart, Immanuel Kant oder Willy Brandt eigen war, signalisierte laut dieser Lehre ein «geräumiges Gehirn», dicke Backen wie bei Winston Churchill oder Nikita Sergejewitsch Chruschtschow «meist einen wüsten Lebenswandel». Den Staatsfeind hingegen verrieten «die großen Ohren und ein düsterer Blick». Volkstümlich wurde das dann so interpretiert: Wer wie ein Esel aussah, wurde für dumm gehalten, wer einem Fuchs ähnelte, der wurde als schlau befunden. Und was in diesem Zusammenhang während des «Dritten Reichs» in Deutschland geschah, sollte hier auch nicht vergessen werden.

Nun denn, hier soll es ja nicht um Menschen gehen, sondern um Pflanzen, doch auch bei ihnen bemühte man sich seit dem Altertum eine Physiognomik zu erstellen, sie verbreitete sich unter der Bezeichnung «Signaturenlehre». Dabei versuchte man von den äußeren Merkmalen einer Pflanze Rückschlüsse auf ihre Qualitäten und Kräfte zu ziehen. Würde man die Pflanzen nur genau beobachten, so die gängige Meinung, dann würden sie zu einem sprechen und einem verraten, was sie so alles in petto haben. Bei der Betrachtung hatte man besonders Farbe, Struktur, Standort, Wachstum, Lebensdauer,

Charakter – ja, auch den Charakter – im Blick, um die «Zeichensprache» der Pflanze zu verstehen. Es ging bei diesem Verständnis aber nicht darum, herauszufinden, wie Pflanzen miteinander kommunizieren – auf diese Idee kam man nicht, so wie man lange Zeit auch nicht glaubte, dass Tiere Emotionen haben könnten –, der Mensch war ja das Wesen, das über allem steht, Gottes Krönung. Dabei wurden Pflanzen schon am dritten Tag von ihm geschaffen, Adam und Eva dagegen erst am sechsten. Das musste ja eine Bedeutung haben.

Aber Pflanzen konnte man essen und, ganz wichtig, Pflanzen konnten heilen, es kam nur auf die richtige Wahrnehmung an (ähnlich der psychologischen Deutung menschlicher Physiognomien). Hervor tat sich hier Paracelsus, der Arzt aus dem europäischen Mittelalter, der systematisch vorging und seine intuitiv gemachten Beobachtungen schriftlich niederlegte. Paracelsus war derjenige, der grundlegend die Verbindung zwischen Farbe und Form von Blüten, Blättern, Rinden, Wurzeln und Früchten und ihren Ähnlichkeiten mit menschlichen Organen und Körpersäften herstellte. Bodenbeschaffenheit, Geruch, Geschmack und auch die Pflanzengestalt ergänzten die Lehre von der Zeichensprache der Natur. «Folgt nicht Galen, nicht Rhazes, folgt nicht eurer Geldgier, nicht eurem Machthunger», postulierte Paracelsus, «euer einziger Schulmeister ist die Natur! Lauscht der Natur, und ihr werdet erkennen, was die Krankheit und was das Heilmittel sei!»

Ein sehr anschauliches Beispiel für die Signaturenlehre bietet der Gewöhnliche Natternkopf. So glaubte man früher an die heilende Wirkung des Natternkopfs bei Schlangenbissen. Denn schaut man sich die Blüte aus der Nähe genauer an, so erinnert sie an den Kopf einer Natter und der gespaltene Griffel an die Natternzunge. Die leberartige Form der Blätter des Leberblümchens wiederum war entscheidend dafür, dass diese Pflanze einst bei Leberleiden ausprobiert wurde. Und bei der Form der Walnuss kam nur ein Organ in Frage, das man damit behandeln könne: das Gehirn, die Ähnlichkeit ist nun wirklich nicht von der Hand zu weisen.

Heute weiß man, dass es bei der damaligen Volksmedizin viele Misserfolge gab, allerdings nicht nur. Nach der Signaturenlehre soll die Zwiebel der giftigen Herbst-Zeitlose eine Ähnlichkeit mit einer gichtkranken Zehe aufweisen. Als Medikament wird sie bei akuten Gichtanfällen genutzt. Ein entsprechender Wirkungsmechanismus wurde von der Wissenschaft bestätigt. Eine weitere, von der modernen Wissenschaft anerkannte Heilpflanze ist der Augentrost mit seinen augenähnlichen Blüten. Bei Bindehautentzündungen und Lidrandentzündung wird er auch heute noch wirkungsvoll eingesetzt.

Gerade in der heutigen Volksmedizin, der Naturheilkunde und Homöopathie spielt die Signaturenlehre noch oder auch wieder eine gewisse Rolle. So steht hier etwa der Bärlauch für Vitalität, Macht und Expansionsstreben, die Brennnessel für Wehrkraft, Willenskraft und Reinigung, das Echte Labkraut für Rückbesinnung auf die eigene Identität, Integrationsfähigkeit sowie Regenerationsvermögen, der Frauenmantel für Umhüllung, Behütung, Hervorbringung.

Gut. Aber so weit will ich mich hier gar nicht aus dem Fenster lehnen, ich habe kein umfangreiches philosophisches oder medizinisches Wissen, um die Signaturenlehre auf andere Füße zu stellen. Doch spannend ist dieses Vorgehen, Analogien zu ziehen. Ich bin so viel unterwegs in der Natur, schaue mir tagelang Landschaften und ihre pflanzlichen (und auch mal tierischen, ja menschlichen) Bewohner an, dass sich mir einfach Bilder und Vergleiche aufgedrängt haben. Permanent begegnen sie mir, die Eiferer, Stalker, Streber, die Ab-, Be-, Ver- und Wegdrängler. Allein dadurch, dass ich sie in ihrem Wuchs, in ihrem Verhalten beobachte und mir ihr Vorgehen bildhaft abrufe, fällt es mir leichter, sie zu behalten, auch ihre Namen, ihre Wuchsorte. Und mit vielen hatte ich in den letzten Jahrzehnten sogar oft hautengen Kontakt, und das bestimmt nicht immer positiv!

Das wird Ihnen nicht anders ergehen, wenn Sie Pflanzen nach menschlichen Maßstäben einteilen, nicht um sie zu anthropomorphisieren, sondern indem Sie diese Strategie wie ein Gedächtnistraining ansehen, bei dem Bilder für Zahlen stehen, also beispielsweise die Kerze für eine Eins und der Schwan für eine Zwei, und wenn Sie sich dann Geheimzahlen und PIN-Codes merken wollen, werden die Bilder mit Geschichten verknüpft: Wie ein Schwan einmal einer Kerze begegnete …

Und so sah ich auf meinen Touren unterwegs Angeber, Borderliner, Rebellen, Fanatiker, Freaks, Gaukler, Marktschreier, aufmüpfige und unterwürfige Typen. Allein, zu dritt, in Formationen, Heeren, Kolonnen, Pulks, Scharen und Verbänden – mal ganz offensichtlich, mal kryptisch oder ganz undercover. Doch in meiner Pflanzenbilderwelt ging ich noch weiter. Ich fragte mich: Wie wirken sie, was können sie, was machen sie mit einem? Da draußen, in der Natur, so weiß ich inzwischen, geht es glorreich, harmonisch, nobel, wacker und würdevoll, aber auch mal brutal zu. Wie fühlen sie sich an, diese Charakterpflanzen, was sind ihre Maschen und Methoden? So begegnen einem auf Schritt und Tritt Autisten, Diven, Fleischfresser, Giftmischer, Guerilleros, Kleingeister, Nervensägen, Parasiten (halbe und ganze), Parfumliebhaberinnen, Protestler, Provokateure, Schrullen, Stinker, Tadellöser, Tänzer, Würger und Zankheinis.

Seit jeher habe ich Spaß daran, mich in Pflanzen hineinzuversetzen, sie zu deuten: in die Zwerge und Raketen, in die Elitären und Mondänen, die Gewitzten und Spitzfindigen, die Betriebsamen und Genügsamen, in die, die anzüglich daherkommen, geziert und überheblich. Vielleicht ist das doch eine Signaturenlehre, eine alternative und wunderbar subjektive, die die Phantasie befeuert und nicht das medizinische Wissen. Da existieren Lebewesen, die sind auffallend, ausgefallen, einträchtig, fabelhaft, fragil, frivol, glorreich, krawallig. Pure Schönheit ist nie die Seele der Natur, das kann ich Ihnen jetzt schon versichern, in ihr muss alles einen Sinn ergeben, denn sie ist allein aufs Überleben ausgerichtet und damit auch auf die Fortpflanzung. Treffe ich auf vermeintliche Aschenputtel, Langweiler, Mimosen, Verbohrte, Versager und Verzager, so sind das ihre Strategien, um sich im Reigen der Pflanzen zu behaupten. Manche sieht man kaum, wollen nicht wirklich wahrgenommen werden, andere sind bereits als Wurzeln Gentlemen, vom Scheitel bis zur Sohle.

Pflanzen sind nicht stumm, auch wenn sie sich selten bemerkbar machen. Es gibt nämlich auch sie, die Bälle-, Kugel-, Lanzen- und Steinewerfer. Die Lückenbüßer, die einem das deutlich zu verstehen geben, die, die verdammt anstrengend sind, weil sie sich einbilden, dass man ihnen zuhören muss. Nicht zu übersehen sind in der Landschaft die engagierten, die rastlosen, souveränen, tüchtigen und schlichten Schönheiten. Die imposanten Kaventsmänner und die lachhaften Strichmännchen. Und nicht zu vergessen die Burlesken, Grotesken, Kafkaesken bis Pittoresken. Alles natürlich nur auf die Flora bezogen, manchmal in Analogien zu lebenden und schon verstorbenen Personen, mit kleinen Geschichten über andere und mich.

Und nicht selten trifft Mehrfaches auf eine Spezies zu, ein ganzes Bündel – je nach Jahres- und Entwicklungszeit –, wie bei uns Menschen ja auch – bei dem einen mehr und bei jenem auch weniger. Vielleicht entdecken Sie sich ja selbst, Ihren Partner, den Chef, Bekannte, Ihre Verwandten oder bestimmt den Nachbarn. Ganz viel Spaß dabei!

Typ Aufgeblasener Pfau

Was habe ich eigentlich unter einem Charakter zu verstehen? Und schon gar unter dem Charakter einer Pflanze? Im Grunde stehen dahinter die Verschiedenheit und die Vielfalt von Arten und der Wunsch, sie irgendwie einzuordnen. Denn wie kann es sein, dass Geschwister innerhalb einer Familie so unterschiedlich sein können, oder auf die Pflanzen bezogen: Wie können an ein und demselben Standort Mohnblumen, Kornblumen und Getreide wachsen? Dafür musste es doch eine Erklärung geben.

Nach der wurde auch gefahndet. Denn schon im antiken Griechenland fand man es spannend, der Frage nachzugehen, wieso unter demselben Himmel derart abweichende Temperamente zusammenfanden. Auch Hippokrates, von Beruf Arzt, kam ins Grübeln, und weil er ein Mensch war, der heute sicher viele To-do-Listen geführt hätte, setzte er sich damals hin und versuchte sich in einer Persönlichkeitstypologie, die er Viersäftelehre nannte. Bei dieser nahm er die vier Grundelemente, Feuer, Wasser, Erde und Luft, und ordnete jedes Element einem Körpersaft zu, den er wiederum mit einem Temperament verband. Die Luft war das Blut, Schleim das Wasser, schwarze Galle die Erde und gelbe Galle das Feuer. Der Mensch, der vom Blut bestimmt wird, wurde nach dem griechischen Mediziner als Sanguiniker bezeichnet, ein total enthusiastischer Typ. Bei dem Melancholiker sieht es ganz anders aus, sein traurig-trübsinniges Wesen hat damit zu tun, dass die schwarze Galle, die Erde, in ihm gärt. Der Choleriker zeichnet sich wiederum durch Jähzorn aus, ist leicht gereizt – die gelbe Galle ist schuld. Und der Vierte im Bunde ist der Phlegmatiker, er wird bestimmt durch den Schleim, der ihn apathisch und langsam werden lässt.

Die moderne Wissenschaft hat andere Erklärungen gefunden, die mit den Genen zu tun haben, genauer gesagt mit der Epigenetik, die besagt, dass die Gene, die wir haben, nicht statisch sind, sondern sich entwickeln, je nachdem wie wir mit unserer Umwelt interagieren. Manche Gene können deshalb wunderbar zur Entfaltung kommen, andere verkümmern. Was letztlich bedeutet, dass man nicht mit einem bestimmten Charakter zur Welt kommt, sondern sich diesen aneignet, je nachdem, was man mit seinen gegebenen Anlagen macht und wie sie in Wechselwirkung zu bestimmten Umwelteinflüssen stehen und miteinander korrespondieren.

Bei den Pflanzen sieht es nicht viel anders aus, auch sie haben Gene, also eine DNA, haben Organe und Gewebe, also Zellen, die sich an die Umwelt anpassen – und entsprechend reagieren sie, um sich von den jeweiligen Umständen nicht unterkriegen zu lassen. Wächst ein Baum in einer bestimmten Region, bildet er je nach den Gegebenheiten einen stärkeren oder biegsameren Stamm aus. Um nicht von irgendwelchen Plagegeistern aufgefuttert zu werden, müssen die Pflanzen Taktiken entwickeln, um sich diese vom Leib zu halten. Menschen können bei sich verändernden Umständen fliehen, ebenso wie Tiere, die Unterschlupf finden können, wenn ein Unwetter droht. Pflanzen können nicht einfach das Weite suchen, sie haben nur ihre Standfestigkeit, mit der sie punkten können. Entsprechend erwerben sie Fähigkeiten, die uns an bestimmte Eigenschaften erinnern. Hat sich eine Pflanze, weil ihr in ihrer Welt oftmals Wasser fehlt, zum Hungerkünstler entwickelt, so hat dieser Begriff natürlich nur etwas mit unserer menschlichen Projektion zu tun, eine Pflanze «weiß» das nicht. Sie weiß nur, dass Wasser fehlt und sie etwas in Bewegung setzen muss, damit nicht die nicht gerade freundlich gesinnte Umge-

15

Typ Aufgeblasener Pfau

bung obsiegt und der Pflanze den Garaus macht. Eine Pflanze ist, wie der US-amerikanische Botaniker Daniel Chamovitz nachgewiesen hat, wahrnehmungsfähig, besitzt aber nicht die Eigenschaft, Anteil zu nehmen, zu leiden oder Schmerzen zu empfinden. Dafür existieren bei uns Menschen bestimmte Gehirnareale, die Pflanzen nicht besitzen, sie haben kein Hirn, kein Zentralnervensystem.

Es gibt aber auch Pflanzen, die nonstop extrovertiert sind und sich unentwegt aufblasen müssen, wohlgemerkt immer aus meiner Sicht formuliert: Dies sind die Angeber in der Pflanzenwelt, sie sind anmaßend, auffallend, arrogant, blasiert, tragen gern auf, sind dreist, eingebildet, geltungssüchtig. Sie sind überheblich, unangemessen, ungeniert, vorlaut, vorwitzig, aber auch witzig. Es sind darunter die Großtuer, die hervorragen, herausragen, überragen. Da stechen die Majore heraus, die Maulhelden; der Möchtegern gehört dazu, der Prahlhans, die Pflanzen mit den dicken Backen und den manchmal noch dickeren Hosen. Damit Sie wissen, wen ich im Blick und bei meinen Streifzügen im Visier habe, stelle ich Ihnen einige dieser Exemplare vor:

Ein echter Haudrauf – das Frühlings-Hungerblümchen (*Erophila verna*).

Was, tatsächlich noch eine dünne Schneeauflage im April? Auf Bahngleisen, an Wegen und Rasenrändern? Nein. Es ist das niedliche Frühlings-Hungerblümchen, das da den Frühling einläutet. Aufstieg und Fall dieses Winzlings sind vergleichbar mit dem von Napoleon I., König von Italien und Kaiser von Frankreich. Geboren 1769 auf Korsika, hat er, gestützt auf das Militär, einen ungeahnten Siegeszug durch halb Europa angetreten, der erst 1812/13 unterbrochen wurde und 1815 endete. Er starb einsam auf der Insel St. Helena im Südatlantik, gerade mal zweiundfünfzig Jahre alt. Auch das Frühlings-Hungerblümchen mit 3 bis 15 Zentimeter Höhe, aber dann doch noch etwas kleiner von Gestalt als dieser französische Tausendsassa, kann seine Umgebung überaus prägen. Es ist ebenfalls ein Haudrauf, der zu Tausenden schon im November bis Januar seine ersten Blattrosetten zeigt, düster dunkelgrün wie die Uniform eines französischen Generals. Mit der ersten wärmenden Wintersonne, im Rheinland (und nicht Rheinbund!) schon im Januar, kommen die ersten vorwitzigen, weißen Kreuzblütchen zutage. Ganze Äcker, Gärten, Friedhöfe, Weideeingänge und Teile von Sandgruben werden in zartes Weiß gehüllt. Das geht bis April / Mai so, bis die weißen Blüten von einem Meer, besser Heer brauner bis dunkler, bis 1 Zentimeter langer Fruchtschötchen abgelöst werden. Gleich dem Gefuchtel des Napoleon ragen die wie lackierten, eiförmigen und überdimensionierten Schötchen in die Luft. Das sieht fast lächerlich aus! Alles blattlos, die Blätter bleiben überm Erdboden zurück. Das Frühlings-Hungerblümchen ist sehr erfolgreich, überall wo etwas Platz ist, wo es trockener und etwas nährstoffangereicherter ist, wächst dieser kleine Kerl. Er duldet auch niemanden neben sich, ganz so wie alle kleinen Diktatoren – man könnte ja beschattet oder gar verdrängt werden. Und so wie Napoleon über Europa hereinzog und wieder verschwand, so schnell macht dann im Jahresverlauf auch diese Allerweltsart Schluss. Nicht aber ohne ein letztes Aufbäumen. Napoleon tat das bei seiner plötzlichen Rückkehr von Elba, das Frühlings-Hungerblümchen mit seinen im Frühsommer weithin silbrig schillernden Fruchtschotenwänden. Sein Comeback ist jetzt aber farblos, wenn Abertausende glitzernde Schotenleichen dann ganze Brachäcker oder Sandfelder überziehen. Kann man sogar vom fahrenden Auto aus erkennen, das wäre auch

Typ Aufgeblasener Pfau

bei einem Nappy nicht viel leichter gewesen. Für mich beginnt mit diesem unerschrockenen Frühlings-Hungerblümchen immer schon die neue Saison, und das meist überpünktlich zum 1. Januar!

Will von allen am höchsten hinauf – der Berg-Wegerich (*Plantago atrata***).** Von allen hier auftretenden Pflanzenarten wagt sich der Berg-Wegerich am weitesten in die Höhe, beziehungsweise fängt er oft erst ab 1500 Meter an, Stellung zu beziehen. Nicht ohne Grund heißt er lateinisch auch *Plantago montana*, obwohl gleich noch zwei weitere von den insgesamt zehn Wegerichen in Deutschland ebenfalls nur «Alpen können». Er hier wird gerade mal 25 Zentimeter hoch und weist ganz nach Wegerich-Manier einzig blattfreie, allerdings starkbehaarte Blütenstängel auf. Sie steigen bogig bergig auf und tragen eiförmige, fast schwarze Blütenköpfe. *Atrata* bedeutet schwärzlich, das ist ja mal was anderes als immer nur *nigra* oder *niger* wie sonst! Schwarzer Wegerich wird er auch im Deutschen genannt. Der Berg-Wegerich ist essbar wie alle anderen Wegerich-Arten und wird von Weidevieh sowie vom Wild gefressen. Sehr viel gibt er allerdings mit seinen schmalen, entfernt gezähnten Blättern nicht her. Was soll da oben auch 1 Meter hoch werden, wo oft Feinboden fehlt, Wind tost, Schnee rutscht, einem Gämsen und Murmeltiere nachstellen. Mit seiner Pfahlwurzel ist er ein wahrer Meister der Felsen, der Klüfte, der Lichtungen in oberer Waldstufe und der Pfad- sowie Wegsäume. Ansehnlich wird er vor allem zwischen Mai und August (also trotz der Berghöhen), wenn seine fast 1 Zentimeter langen, leuchtend hellgelben Staubgefäße wie

Mini-Antennen der Teletubbies nach oben zeigen und dann im besonderen Kontrast zum Schwarz der Blütenhüllen agieren.

Meeresgott mit Bällen – das Poseidongras (*Posidonia oceanica*).
Im Frühjahr 2016 war ich nun doch erstmals am Mittelmeer, auf Mallorca – mit dem Fahrrad kam ich da vorher auch ganz schlecht ran! Schon kurz nach der Landung begann das Notieren der wild wachsenden Arten, und einer der ersten Gänge führte mich an die ausgedehnten Strände der Bucht von Alcudia im Norden dieses 17. Bundeslands der Deutschen. Aus den hier massenhaft herumliegenden, kugelrund-federleichten, etwa faustgroßen Gebilden aus offensichtlich pflanzlichem Material am oberen Sandstrandrand konnte ich mir zunächst keinen Reim machen. Meine beiden Begleiter, beide weit über siebzig und schon Mallorca-erfahren, auch botanisch, feixten sich jedenfalls eins! Es war das Neptun- oder Poseidongras – die Remmidemmi-Touristen werden es nie erfahren, der tief im Wasser wohnende Meeresgott Neptun residiert hier als Ballermann. Nur halt um die ganze Insel herum verstreut. Gar nicht zu fassen, das mussten sich doch auch schon die allerersten Steinewerfer auf dieser Inselgruppe gesagt haben (baleares!).

Das Poseidongras lebt in Wassertiefen von 20 bis zu sagenhaften 40 Metern, in ziemlich klarem und nicht zu verschmutztem Wasser.

Typ Aufgeblasener Pfau

Es soll durch den Tourismusboom an der gesamten Mittelmeerküste zurückgehen. Bei Stürmen und auch nach normalem Ableben werden diese enormen «Seegrasbestände» an Land geschwemmt – sozusagen ein Auftrumpfen am Ende des Lebens. Es entstehen unterschiedlich breite und manchmal in Buchten auch meterhohe, meist dunkelbraune Wälle, mal matschig frisch, mal trockener und schon luftiger. Ganz selten findet man noch richtige Strünke mit ein paar der hellgrünen, bandartigen und bis 3 Zentimeter breiten Blätter. Zusammen mit dem Sand rollen und ziehen die Wellen dieses Material dann über Monate immer wieder hin und her, sodass am Ende am oberen Strand diese «Tennisbälle» zu liegen kommen, so geheimnisvolle, fast gelangweilte Kugeln. Immer oberhalb der Sturmflutzone, eine richtige Tide gibt es am Mittelmeer ja nicht. Diese Rundlinge sind absolut zäh, nicht auseinanderzureißen und außerordentlich verwitterungsbeständig. Und lagern sich dann zu Millionen an den flachen Küstenabschnitten ab, da, wo die Menschen eigentlich gerne baden möchten … Sie werden daher immer wieder mühsam weggefahren und auf Sammelplätzen langwierig kompostiert. Mancher Mittelmeertourist nimmt sich davon ein paar Naturerinnerungsstücke mit – ich natürlich auch! Die halten ewig und fühlen sich ein wenig an wie Kokosstrick. An den Küsten sind sie dann auch Dünger für viele Pflanzen am Strand, dem sogenannten Littoral.

Habe die Ehre – die Schlitzblättrige Karde (*Dipsacus laciniatus*). Optimal wird sie fast 3 Meter hoch und ist eigentlich sofort erkennbar. Aber Vorsicht, die Schlitzblättrige Karde ist eben doch nicht die oft genauso hohe, dabei aber viel häufigere und hellviolett blühende Wilde Karde (*Dipsacus fullonum*). Beide Karden kommen schon wegen ihrer Größe ma-

jestätisch daher, als edle Ritter, wie stattliche Ge-
stalten aus Abenteuerfilmen, wie Roboter im
Ruderalgelände. Die Schlitzblättrige Karde blüht immer weiß bis blassrosa und
trumpft auf mit bis zu 10 Zentimeter
hohen Blütenständen, richtigen Eier-
köpfen. Sie sind damit etwas größer als
bei der häufigen Art. Graugrüne Blätter an sehr harten, dornigen Stängeln
werden bis 50 Zentimeter lang und sind
stark eingeschlitzt. Daran vergeht sich
nun wirklich kein Tier. Die Blätter sammeln
kostbares Regenwasser für schlechtere Zeiten,
da sie am Stängel verwachsen sind. Also kleine Bade-
wannen für die eigene Luftbefeuchtung und sekundär für Insekten.
Im ersten Jahr wird zuerst eine typische kräftige Blattrosette ausge-
bildet, wobei diese Blätter ungeschlitzt sind. Die machen sich immer
so richtig breit und fett, um nur ja nicht jemand anders durchzulas-
sen. Zum Ende der zweiten Vegetationsperiode entwickeln sich dann
toll facettenaugenartige Fruchtstände, Dekoration für jeden Tro-
ckenstrauß. Die Samen werden vom Wind und herumstreifenden
Tieren verstreut (Treiber als Samenschleuder). Selbst im dritten Jahr
kann man noch aschfahle Karden-Mumien unmotiviert in der Gegend herumstehen sehen, so haltbar ist diese pieksige Angelegenheit.

**Auffallen um jeden Preis – die Gelbe Spargelerbse (*Tetragonolo-
bus maritimus*).** Sie ist einfach nur zum Schießen, diese Gelbe Spargelerbse, wirklich witzig ist ihr Äußeres. Der Schmetterlingsblütler
selbst wird nur mickrige 20 bis 30 Zentimeter hoch und macht sich
in kleinen Flatschen mit blaugrünen, fünfteiligen, kahlen Blättern
bis 2 Zentimeter Länge in feuchten Wiesen und wechseltrockenen

Typ Aufgeblasener Pfau

Magerwiesen, an Straßen und Wegen sowie an Gräben breit. Diese pflanzliche Ulknudel hat tatsächlich nudelfarbene, hellgelbe Blüten, die sie von Mai bis Juli freudig himmelwärts reckt. Mit einer Länge von fast 3 sowie einer Breite und Höhe von fast 2 Zentimeter verleiht das der Gelben Spargelerbse ein freakig-groteskes Aussehen, denn die Blüten sind damit deutlich überdimensioniert. Wie von einem Comedian angesteckt, muss ich lachen, wenn ich dieses Wesen sehe. Das ist mir aber mal in Oberbayern glatt vergangen, ausgerechnet nahe vom Kloster Ettal. Da spazierte ich 2014 längs der Bahn von München nach Garmisch-Partenkirchen in Begleitung der Spargelerbse, und schwupp kam ein Streifenwagen daher, stoppte, wendete und kassierte von mir 50 Euro Strafe, auf der Stelle. Das hat mich kurz gewurmt, dann aber zog mich wieder die Angeberei dieser exquisiten Erbse mit ihren vierkantigen Hülsen in den Bann. Denn die geraten mit glatt 5 Zentimetern noch länger. Eine Art Zauberpflanze, die wohl mit aller Macht auffallen will. Ein elitärer Streber, etwas aufsässig. Mit Erfolg übrigens: Diesen Erbsen-Titan sah ich sogar schon mal ganz fidel an einer Autobahn in Oberbayern bei Ohlsdorf – und das sogar vom fahrenden Auto aus!

Lämpchen im Kollektiv – die Ei-Sumpfbinse (*Eleocharis ovata*).
Hätte es den Werbeslogan «Ei, Ei, Ei – Verpoorten» nicht für diesen berühmten Eierlikör gegeben, man hätte ihn einfach für die schicke Ei-Sumpfbinse erfinden müssen, eine meiner veganen Heldinnen auf schlammigen, nährstoffreichen Böden von besonnten Ufern, Tümpeln und abgelassenen Fischteichen. Lange hatte ich warten müssen,

um diese Rarität überhaupt mal zu Gesicht zu bekommen – 2011 war das auf einem Truppenübungsplatz in Niedersachsen. In einem Teil der Plothener Teiche in Thüringen fanden dann mein Freund Hannes und ich 2016 gleich hektarweise diese Eierköpfchen, voll barfuß musste man da rein. Schon von weitem fällt eine ausgesprochen hellgrüne Farbe dieses bei entsprechend großem Stickstoffangebot auch mal bis 50 Zentimeter hohen, stets bultig (im Haufen) wachsenden, einjährigen Sauergrases auf. Die eher weichen Stängel sind eng gerillt, etwa 1 Millimeter dick und blattlos. Schmuckstücke sind dann von Juni bis September die eng beschuppten, kugel- bis eiförmigen, knapp 1 Zentimeter langen Blütenstände. Immer im Kollektiv, dekorativ die braune Spelze mit schneeweißem Rand und grünem Kielstrich. Eine Lupe hilft einem hier wieder mal auf die Sprünge. Wie Lämpchen für Rallen, Leuchter für Zwerge oder Wegweiser für verbliebene Kleinstfische und Schlammschnecken. Fast pittoresk. Die Eiförmige Sumpfbinse gibt Zwergbinsen-Gesellschaften ein Gesicht, das sind heute durch Entwässerung und Zuwachsen der Standorte durch Nutzungsaufgabe besonders schutzwürdige, oft artenreiche Lebensgemeinschaften an oft (abgrund)tiefen Stellen.

Kaninchendraht im Hochmoor – die Gewöhnliche Moosbeere (*Vaccinium oxycoccos*). Was wären unsere nassen Hochmoore wohl nur ohne diese Gewöhnliche Moosbeere – ohne Moosbeere im Moor nix los! Sie gibt Tieren und Menschen Standfestigkeit und liefert den Raupen der prächtigen, superseltenen Hochmoor-Perlmutterfalter mit einer Flügelspannweite von 8 Zentimetern die Nahrung. Der «Kaninchendraht» entwickelt bis zu 1 Meter lange, fädelige, sich über Torfmoospolster schleichende Sprosse, die sich zu einem dichten Geflecht auswachsen. Die Moosbeere ist einer der Charakterarten der berühmten Hochmoor-Bulten- und Schlenkengesellschaften; Schlenken mit Wasser und Torfschlamm. So wassergesättigt entwirft die Moosbeere von Juni bis September goldige, besser rosafarbene Blüten, die ihre vier bis fünf Blütenblätter freudig nach hinten beziehungsweise nach oben werfen. So sieht man die Staubgefäße lang heraushängen, und mit bis zu sechzehn Tagen Blühdauer hält die Moosbeere auch den deutschen Blührekord. Nur eben nicht nach der Höhe, denn die lässt bei höchstens 10 Zentimetern zu wünschen übrig. Dafür machen die um 1,4 Zentimeter großen, kugeligen, zunächst grüngelben und dann, wenn sie ab Oktober reif sind, dunkelroten Beeren wieder von sich reden. Manchmal in riesigen Mengen überziehen sie wie kleine Handgranaten oder rote Handbälle hinterm Tor diese Pflanzendrähte, oft über ebenfalls rot gefärbte Torfmoose. Und darin stecken ganz viel Fruchtzucker, Vitamin C und Zitronensäure. In Schweden werden die auch geerntet und zu Marmeladen, Säften und getrocknet zu Tee verarbeitet oder frisch zu Wildspeisen gegessen. Sie schmecken ganz ähnlich wie die Preiselbeere, süß und etwas säuerlich. Bei meiner Fortbewegung in intakten Hochmooren halte ich ständig Blickkontakt zur Moosbeere: nicht wegen der Früchte, sondern wegen der hier dann gesicherten Standfestigkeit. Wie eine Matte trägt sie mich jetzt schon ein Leben lang.

Raketen auf Güterbahnhöfen – die Großblütige Königskerze (*Verbascum densiflorum*). Bei Bahnhöfen in Zusammenhang mit Raketen fallen mir als Erstes die Weltraumbahnhöfe von Cape Canaveral in Florida und der von Baikonur in der Kasachensteppe ein. Pflanzliche Raketen in diesen Refugien können dann eigentlich nur die Königskerzen sein, von denen die Großblütige Königskerze noch etwas königlicher ist als die übrigen neun in Deutschland. Echte Blickfänge sind das, mit manchmal bis zu 2,5 Meter Höhe und riesigen, bis 5 Zentimeter breiten, goldgelben Blüten. Die beiden oberen Blütenblätter sind dabei kleiner als die anderen drei, immer prangen drei weißwollige Staubfäden heraus. Die gesamte Pflanze ist weißfilzig behaart – Blätter, Blütenkelche, Stängel und auch noch die Fruchtkapseln. Das ist eine bewährte Strategie gegen Austrocknung, Sonnenbrand und Tierfraß. Nackt sind da nur die Samen, die vom Wind oder direkt beim Anstoßen der nie im Abseits stehenden Königskerzen herausgeschleudert werden. Nur so kommen diese plantaren Stangen von Neuers, Nowitzkis, Henning Scherfs oder Michael Groß' Statur zu ihrem Fortbestand. Den allzeitig allergrößten Menschen der Welt, Robert Wadlow aus Illinois (geboren 1918, gestorben 1940) mit 2,72 Meter, hätte die größte Großblütige Königskerze auch noch packen können. Mr. Wadlow hatte auch die größten Hände (32,3 Zentimeter lang vom Handgelenk bis zur Spitze des Mittelfingers), und für seine 47 Zentimeter langen

Füße brauchte es Schuhe der Größe 76. Er wog bei seiner Geburt noch keine vier Kilogramm, im Alter von zehn maß er bereits 2 Meter. Das nenne ich doch mal bahnbrechend und königskerzend.

Aufgebretzeltes Maiengold – die Wiesen-Schlüsselblume (*Primula veris*). Sie hat einen hohen Bekanntheitsgrad, und mir ist diese Art sehr ans Herz gewachsen. Obwohl diese geschützte, auffallende, leichtfüßige Schönheit bereits die ersten warmen Sonnenstrahlen im April zur Blüte nutzt und in höheren Lagen auch noch im Juni goldgelbe Blüten an bis zu 30 Zentimeter hohen, blattlosen Schäften bildet, ist der Mai ihr Monat. Bei dieser Pflanze mit hochdekorativem, orangefarbenem Blüteninneren – aufgeblasenen Kelchen – ist der gesamte Norden und Westen der Republik in den Hintern gekniffen. Hier trumpft die Wiesen-Schlüsselblume mit ihren graugrünen, auffallend runzeligen Blättern nicht auf. Bis zu zehn um die 2 Zentimeter lange, stets duftende Blüten gruppieren sich oben an einem Schaft, sie sind nicht so einseitswändig wie bei der Schwesternart, der hellgelben Hohen Schlüsselblume. Mit der kann sie gerne auch zusammen auftrumpfen. *Primula veris* ist eine mittelalterliche Wortschöpfung und bedeutet «erste Blume des Frühlings», «Schlüsselblume» wegen des Blütenstands wie ein Schlüsselbund, «Himmelsschlüsselchen» wegen der Heilwirkungen, die ihr in früheren Zeiten nachgesagt wurden und die einem den Himmel öffnen sollten.

Zur Kerze reicht es dennoch nicht – die Kleine Wachsblume (*Cerinthe minor*). Eitel wie ein Pfau, eine Erscheinung ist dieses bis zu 60 Zentimeter hohe Kraut, das ein augenfälliges Farbspektrum zeigt. Von Mai bis September erscheinen hängende, gut 1 Zentimeter lange, gelbe, bis zu zwei Dritteln ihrer Länge röhrenartig verwachsene Blüten, die, um Eindruck zu machen, im oberen Inneren noch fünf rötliche bis violett-braune Tupfer einbauen. Die Blüten stehen in dichten, bis staffelartig beblätterten Wickeln an einer ansonsten völlig kahlen Blume. Was insofern etwas Besonderes ist, zählen doch die Wachsblumen zu den gewöhnlich mit vielen Haaren gesegneten Raublattgewächsen. Die Blätter unten am Stängel sind zungenförmig bis 15 Zentimeter lang, gestielt und werden wie die Rosettenblätter von weißen, rundlichen Flecken auf der Blattoberseite geziert. Diejenigen weiter oben sitzen toll stängelumfassend, sind oval bis herzförmig, pfeilförmig geöhrt, wachsartig überzogen und mehr blau als grün. Das hat was Unwirkliches, Exotisches, ja Erotisches. Wachsblumen bekommt man in Deutschland nur ganz selten «vor die Flinte». Sie wachsen nicht kerzengerade, sondern stark ästig verzweigt, und profitieren vom Buddeln, Graben und Kratzen der Tiere – das zieht lebenswichtige Bodenlockerheit und Nährstoffe nach sich. Was Pflanzen so immer machen: aus der Not eine Tugend. Das sagt sich auch die Wachsblumen-Biene, die nur auf diese reizvolle Kleine Wachsblume fliegt.

27

Typ Aschenputtel

S ie sehen ein wenig mickrig aus, unscheinbar, fast primitiv, oft aber sind sie ungemein fleißig, wenn es um die Fortpflanzung geht. Sie kommen daher, als wäre ihnen bange, als würden sie jederzeit erwarten, dass man sie plattmachen, ihnen ihr Dasein streitig machen möchte. Sie halten sich im Hintergrund, schleichen durch die Gegend, weil sie der Ansicht sind, dass sie äußerlich viel zu wenig hermachen, viel zu schlicht und einfach sind. Und was ihr gesellschaftliches Auftreten im Reigen anderer pflanzlicher Nachbarn angeht, so erscheinen sie «geräuschlos». Sie machen sich klein, wie graue, scheue Mäuse ertragen sie geduldig und genügsam ihre Durchsichtigkeit und Verblichenheit. Wobei man sich von ihnen nicht täuschen lassen sollte: Auch wenn sie im ersten Moment jämmerlich klein und verkappt-verknappt auftreten, so sind sie dennoch hart im Nehmen und konkurrenzstark. Den Lückenbüßern, den Mauerblümchen, den Pflanzen von der traurigen Gestalt tut man unrecht, wenn man sie für primitiv hält, nur weil sie dahin wollen, wo sonst niemand mehr hinwill – und vor allem noch hinkann. Oft entfalten sie dann noch eine unglaubliche Schönheit.

Auch bei Menschen spielt das Äußere, die Optik eine große Rolle. Schönheit bei Menschen wurde immer wieder von Soziologen und Psychologen akribisch analysiert, dabei gingen sie von Vermutungen aus, die sie dann auch bestätigt fanden: Schönheit gilt als Talent, so werden Aufsätze von attraktiven Schülern und Schülerinnen besser benotet. Gutes Aussehen befördert die sozialen Aufstiegschancen, vor allem durch Heirat. Wohlgestaltete Menschen gelten als intelligenter, erfolgreicher, sozialer und warmherziger. Selbst die vorgeblich blinde Justitia lässt trotz ihrer Augenbinde hübsche Delinquenten oft billiger davonkommen. Niemand anderer als Arthur Schopenhauer, der als schwerer Neurodermitiker wusste, wovon er sprach, brachte das Phänomen Schönheit auf den Punkt: «Schönheit ist ein offener Empfehlungsbrief, der die Herzen im Voraus für sich gewinnt.»

In zahlreichen Untersuchungen zur «interpersonellen Attraktivität» haben Psychologen versucht, dem Phänomen weiter auf die Spur zu kommen. Fazit: Das Geheimnis der Schönheit ist ihre Gewöhnlichkeit. Diese ernüchternde Einsicht verdankt die Menschheit einer vielfach mit gleichem Ergebnis wiederholten Testreihe, bei der Porträtfotos per Computer digitalisiert werden; durch Mitteln der Digitalwerte erzeugt der Rechner dann das prototypische Mischgesicht, das gleichsam den Durchschnitt des Durchschnitts repräsentiert – Männer wie Frauen flogen förmlich darauf, wenn es ihnen zum Vergleich mit den ursprünglichen Einzelfotos vorgelegt wurde. Dieser unbewusste Hang zur «Zentraltendenz» schien die seit jeher verbreitete Vorstellung zu bestätigen, wonach Ebenmaß ein wesentliches Element von Schönheit sei.

Weshalb das so ist und warum sich der Mensch so leicht in den Bann der Schönheit schlagen lässt, das wiederum haben Soziologen zu ergründen versucht, jedoch nicht schlüssig belegt. Unumstritten ist, dass die Evolution den Durchschnitt dem Extrem vorzieht, da der Durchschnitt in aller Regel überlebensfähiger ist. Daraus leiten die Soziobiologen die (gewagte) These ab, dass im Zuge des evolutionären Ausleseprozesses jene Lebewesen, die in ihrem Aussehen dem prototypischen Durchschnitt der jeweiligen Art am nächsten kamen, bei der Partnerwahl die größten Chancen hatten. Weil sie die Gewähr für körperliche und genetische Gesundheit boten – ist das

Typ Aschenputtel

Schönheitsideal also ein Verhaltensrelikt aus der Vorzeit, gleichsam die Ursuppe, die der Mensch täglich aufs Neue auslöffeln muss? Der Stichling jedenfalls verfährt nach dem Prinzip der Zentraltendenz, die Henne ebenfalls, auch Frosch und Affe tun es, das ist erwiesen. Beim Menschen, der der Sprache mächtig ist, gibt es wohl noch andere Faktoren; wie sonst wäre zu erklären, dass oft eher hässliche Männer Frauen in so reicher Schar um sich zu sammeln vermögen?

Pflanzen scheint diese Diskussion um Schönheit wenig zu berühren, ihnen geht es allein ums Überleben. Zwar brauchen sie dafür hin und wieder einen Partner, der aber muss nicht ihresgleichen sein, mithin pflanzlicher Art. Vielfach ist man zufrieden, wenn es tierisch zugeht. Und das Geschlecht ist ihnen dann auch egal, Hauptsache, er oder es oder sie kommt angeflogen oder angekrabbelt oder streift mit seinem Fell an der Blüte vorbei, damit die Bestäubung vonstattengeht. Manchmal reicht es auch aus, wenn der Wind das kostbare Material weiterträgt und die über dreißigtausendjährige Geschichte der Pflanzen auf dem Planeten Erde sichert. Über so viel Evolutionserfahrung kann sich der Mensch vor Scham am besten nur in seine alten Höhlen verkriechen.

Schön finden es Menschen, wenn Pflanzen herrlich blühen, eine verwelkte Rose, eine blass daherkommende Wicke, herunterhängende Blätter – das wird nicht als schön empfunden, eher mit Krankheit verbunden. Für mich sind alle Pflanzen schön, selbst wenn sie ganz winzig sind oder gerade schlappmachen. Manchmal ist das in der Natur phasenweise notwendig, um Kräfte zu sparen, damit die Pflanze zum richtigen Zeitpunkt wieder energievoll auftreten kann. Dann werden aus Introvertierten Extrovertierte, dann richten sie ihr Äußeres wieder nach außen und versetzen einen in Erstaunen. Betrachten Sie also die Aschenputtel als Mitbewohnerinnen, die mit ein wenig Glamour, oft eben nur aus der Nähe zu erkennen, alle in den Schatten stellen können:

Ostfriesisches Edelweiß – das Sumpf-Ruhrkraut (*Gnaphalium uliginosum*). Ein Wichtel, eine unterschwellige und eher konspirative Art von nur 5 bis 20 Zentimetern stellt das einjährige Sumpf-Ruhrkraut dar, und dies auch nur in der zweiten Jahreshälfte. Ein wenig filzig und verblichen bevölkert es vor allem feuchte bis nasse Bereiche von Äckern, Bauernhöfen, abgelassenen Fischteichen, Gehsteigritzen, Gräben, gepflasterten Parkflächen, Pfützen- und Waldwegrändern. Der Bauer sagte dazu früher Schimmelkraut, in der Szene ist das Sumpf-Ruhrkraut auch als Ostfriesisches Edelweiß bekannt. Es ist nämlich mit seinen gelblich-bräunlichen, schirmartigen bis geknubbelten Blütenköpfchen zwar nicht so attraktiv wie das alpine Edelweiß, doch auf den zweiten Blick macht es auch so einiges her. Tamme Hanken, dem 2016 verstorbenen Pferdeflüsterer und «Knochenbrecher» aus Ostfriesland, zeigte ich auch einmal diese Art, er lachte damals nur. Er, so ein Klotz von zwei Meter und sechs, daneben dieser Furzknoten, leicht zu übersehen und nur ein einziges Grau. Vor allem, wenn Fußgänger darauf treten und Auto- und Radfahrer ignorant drüber wegfahren, macht dieser kleine Korbblütler rasch einen erbärmlichen Eindruck. Dabei war das Kraut früher durchaus von großer Bedeutung, im Gebrauch gegen die hochinfektiöse Dickdarmkrankheit Ruhr, und das nicht nur an Rhein und Ruhr. Gefährlich wurde diese Infektion vor allem in Ballungsgebieten, bei Kindern, vorwiegend in nassen Sommern und bei ungenügender Hygiene. Das Sumpf-Ruhrkraut liebt Nährstoffe, dann kommt es nicht selten wie eine Armada im silbrigen Glanz daher – wie früher der zuletzt grauhaarige XXL-Ostfriese, wenn er ganz alleine einen Saal voller Leute oder auch nur eine Gaststätte irgendwo in Deutschland unterhalten konnte.

Mehr zum Lachen – der Dünnschwanz (*Parapholis strigosa*). Dieses kaum wahrnehmbare Süßgras, das mit allem geizt, ist so was von hager-mager, ein Regenrinnsal an der Fensterscheibe ist dagegen eine Dickmamsell. Irgendwie sieht das bis zu 25 Zentimeter hohe Gras inmitten anderer Gräser etwas albern aus, mitunter trägt es auch noch den Namensvorsatz «Schmächtig». Um es zu finden, muss man an Pfaden, Wegen oder in den Steinbefestigungen unserer Küsten suchen, dann wird man seiner ansichtig. Aber auch nur im Juli und August, wenn nämlich der Dünnschwanz für kurze Zeit blüht und seine dünnen, reinweißen Staubgefäße in den Wind hängt. Segel der Surfer, Fahnen an Masten oder Klamotten am Strand fallen da viel eher auf. Dieses Gras duckt sich ab wie ein Hase, schleicht wie ein Fuchs, gleicht gebogenen Mikadostäben – nur in Grün. Und ist es dann im Salzboden verblüht, erinnern nur noch ein paar abgebrochene Stängelreste an seine ohnehin nie beste Zeit.

Ihr Name ist Programm – die Acker-Schmalwand (*Arabidopsis thaliana*). Mit so einem Namen kommt man nicht weit. Die Acker-Schmalwand ist eher ein Duckmäuser, ein nervöses Hemd von ungerecht geknechteter Natur, dabei kann sie auf ein viel größeres Verbreitungsgebiet verweisen als das Gras zuvor. Der weiß blühende Kreuzblütler von bis zu 30 Zentimetern ist in Beeten, Gärten, Kübeln und Straßenrandrabatten, vor Hauswänden, auf Brachland und natürlich auf und an Äckern zu finden. Die extrem schmalen, weißlich bereiften Schötchen stehen stets sparrig vom Spross ab, der immer vor sich hin fuchtelt und wedelt. Trotzdem muss man genau hinschauen, um diese nach Weißkohl schmeckende und überaus gesunde Vitaminpflanze zu entdecken. Sollte es nach einem trockenen Frühjahr oder Sommer wieder viel regnen, rafft sich die Acker-Schmalwand noch einmal auf und lässt sich sogar zu einer zweiten Blütezeit im Spätsommer und Herbst hinreißen.

Aus der Unterwelt – die Gewöhnliche Schuppenwurz (*Lathraea squamaria*). Eine Pflanze aus der Unterwelt, mystisch und mysteriös auf unscheinbare Weise. Im zeitigen Frühjahr schiebt sie ihre beschuppten, rosaroten, fast fleischfarbenen Sprosse durch den lockeren Lehmboden, und zwar in unmittelbarer Nähe zu alten Laubbäumen wie Buchen, Erlen, Eschen, Hainbuchen oder Pappeln. Sie ist nämlich ein Vollschmarotzer und kann selbst recht wenig, eher sogar nichts – außer für kurze Zeit mal hallo sagen. Sie ist ein echter Strauchdieb, ein unverschämter Vagabund. Psychoanalytiker haben herausgefunden, dass Aschenputtel gar nicht so unschuldig ist, wie sie es glauben machen möchte. Das mag erschüttern, aber letztlich nicht verwundern, denn wenn es keine Hilfe bekommt, nicht einmal von dem konfliktscheuen Vater, muss es sich selbst helfen. Und das tut dann auch die Schuppenwurz: Mit sogenannten Haustorien, knopfartigen Wucherungen an der Wirtspflanze, zapft sie deren Wurzeln an und schöpft mittels Wasserdrüsen, die den eigenen Wasserkreislauf in Gang halten, aktiv Nährstoffe und Wasser zu sich. Das ist wie beim Blutabnehmen oder Schöpfwerk, nur eben unterirdisch. Eigene Speicherwurzeln sind stark verzweigt, bis 2 Meter lang und mehrere Kilogramm schwer. Recht blutarm schaut dieser Rachenblütler trotzdem aus. Und wenn er dann im April blüht und alle der gut 1 Zentimeter langen Blüten in eine Richtung gucken, hört man ihn eher, als dass man ihn sieht. Erste Flughummeln verraten einem den Standort. Nur diese kräftigen Insekten schaffen es in die zahlreichen Blüten, bestäuben sie in kurzer Zeit, da bereits im Mai alles wieder vorbei ist. Dann sollten Ameisen, Wasser und Wind auch dafür gesorgt haben, dass die winzigen Samen höchstens einen Zentimeter von der Wirtswurzel entfernt platziert sind. Und das registrieren diese auf wundersame Weise an bestimmten Lockstoffen geeigneter Wirtswurzeln. Wird der Wirtsbaum aber abgeholzt, stirbt auch die Schuppenwurz. Kein Schmarotzer überlebt nämlich seinen Gastgeber – eine ganz uralte Standardregel.

Den würde ich nie in den Salat tun – den Lämmersalat (*Arnoseris minima*). Ihm geht es nämlich inzwischen deutschlandweit ganz dreckig. Wird gedüngt und gespritzt, steht das Getreide zu dicht, wachsen Sandgruben zu, schließen sich Offenböden in Magerrasen – dann ist es vorbei mit der Herrlichkeit vom Lämmersalat. Mit einer Höhe zwischen 5 und 25 Zentimeter ist er größenmäßig ein Statist, kann aber bei zusagenden Bedingungen mengenmäßig auch mal über sich hinauswachsen. Die rund zehn gezackten Grundblätter sind bläulich grün und liegen dem Untergrund dicht auf. Im Juni bis August erheben sich an völlig kahlen, bläulichen Stängeln winzige zitronengelbe Blütchen. Die erste Blüte wird von nachfolgenden Blüten im Sommerverlauf übergipfelt, und die Fruchtstände sind etwa 1 Zentimeter breit. Von der Statur her ist der Lämmersalat-Fruchtstand tomatenförmig, also breiter als hoch. Eine zu jeder Zeit groteske Pflanze. Essen würde ich sie nie, sie ist einfach zu charmant und hochgradig schutzbedürftig.

Marsmännchen voran – das Moschuskraut (*Adoxa moschatellina***).** Im zeitigen Frühjahr fallen bei genauem Hinsehen in feuchte Laubwäldern eigenartige Heerscharen jener Minipflanze von höchstens 5 bis 10 Zentimeter Höhe auf. Die graugrünen Blättchen sind dreiteilig und erinnern an einen Hahnenfuß. Sie stehen in kleinen Quirlen kurz unter den wenigen grünlichen Blüten, die zu fünft ein dubios würfelartiges, fast kopfiges Gebilde von kaum 1 Zentimeter Durchmesser aufbauen. Das sieht hübsch koboldartig aus und gar nicht wirklich unscheinbar. Die eine Gipfelblüte ist vierzählig, die vier Seitenblüten sind dagegen fünfzipfelig – etwas ganz Ungewöhnliches an ein und derselben Pflanze. Verwelkt sie, riecht sie leicht nach Moschus, nach Ziegenbock. Dieser Winzling bestäubt sich selbst, oder Fliegen erledigen das durch profanes Umherwandern. Bienen würden das Moschuskraut ja auch zum Umknicken bringen. Ameisen (die sind wirklich nicht zu schwer), Schnecken und sogar Singvögel verbreiten die winzigen Samen, die in diesem Moment dann glücklicherweise nach Erdbeeren riechen.

Eine fast unsichtbare Salzstange – der Sumpf-Dreizack (*Triglochin palustre*). Es gibt Mitbürger, die sieht man schon von weitem oder riecht sie drei Meilen gegen den Wind, nicht wenige bemerkt man aber auch erst, wenn man direkt vor ihnen steht. Zur zweiten Kategorie zählt der Sumpf-Dreizack, auch wenn er bis zu 50 Zentimeter hoch wird. Er ist eine gläserne, ausgesprochen leptosome Gestalt, ein Spaghetti-Wesen, eine Salzstange, die tatsächlich auch mal Salz mag, ein Vertreter am und im Brackwasser, an der Nordsee, an Binnensalzstellen, an Ufern von Kanälen und Seen, auf Grubensohlen und Quellwiesen. Man sieht den Sumpf-Dreizack, oder man sieht ihn nicht. Auch fruchtend wird es mit diesem dünnen Hering nicht besser, er macht sich weiter rar. Nur dass er nicht ganz so schnell aufgibt und sich vertrocknet auch noch über den Winter hält. Das macht diesen doch stets bemühten Schmachthaken dann richtig sympathisch.

Wohl heute nicht gekämmt – das Borstgras (*Nardus stricta*). Wie uddelige, ungekämmte Igel, und scheinbar ebenso verlaust und verflöht, zeigen sich die oft zahlreichen, bis zu 25 Zentimeter hohen und steifen Büschel. Dieses mutige, weil sogar den Tritt von Schafen und Pferden meisternde Süßgras fällt vor allem im Herbst bis Frühling auf, wenn nadelförmige Blätter in ein fast reines Weiß wechseln und so selbst im Kiefernwald schon aus einiger Entfernung auszumachen sind – wenn man denn will. Es ist ein Gras mit konstruktiver Paranoia, denn wenn es beschattet wird, wenn Viehtritt ausbleibt, gerät es in eine Krise, ein schnell angekratztes Selbstwertgefühl ist bei ihm zu attestieren. Es blüht zunächst nicht mehr, mickert weiter und fällt schließlich irgendwann ganz aus, kann dann nicht einmal seine nahezu knochenharten, dichten Brettwurzeln zur Geltung bringen. Darum wächst es flächenhaft vor allem um Schafställe, an Heidewegen, an breiten Sandwegkreuzungen und auf den Truppenübungsplätzen mit gelegentlichem Panzerrasseln. Auch auf Flug- und Sportplätzen habe ich diesen etwas unförmigen Kalk- und Nährstoffflüchter schon bemerkt. Das Gras blüht unscheinbar von Juni bis August, meistens fallen weiß herunterhängende Staubblätter auf. Kurz vorher ist es noch am schlechtesten zu erkennen, denn das Weiße ist verflogen. Ja, genau wie bei Aschenputtel – mit denkbar schlechter Ausgangslage.

Zu blind, um sie zu sehen – die Echte Mondraute (*Botrychium lunaria*). Diese Pflanze muss man mir zeigen, alleine komme ich einfach nicht darauf. Das hat mit der geringen Größe von nur 5 bis 20 Zentimetern und dem unauffälligen Habitus dieses außergewöhnlichen Farns zu tun. Die Echte Mondraute sieht überhaupt nicht wie ein Farn aus, sie ist ein Meister im Tarnen und Täuschen, zeigt sich im trockenen Frühjahr auch nur unvollständig oder verdorrt im Spätfrühling einfach mal so. Der auffallend zweigestaltige Farn weist ein frischgrünes, lederartiges, leicht fettglänzendes Blatt mit bis zu zwölf halbmond- beziehungsweise nierenförmigen Abschnitten auf. Der gelb-bräunliche Blütenstand erinnert mich im Detail blühend und fruchtend haarscharf an Popcorn. Im Kino findet man diese Rarität natürlich nicht, die Echte Mondraute lässt sich nämlich nur auf extrem nährstoffarme, gern steinige, stets lausig bewachsene Sandböden ein. Eine Form, um sein Leben zu meistern, wenn man nur selten Anerkennung findet. Dafür liebe ich sie so.

Der mit dem wenig schmeichelhaften Namen – der Frühlings-Spörgel (*Spergula morisonii*). Man kennt ja den Frühlingsputz, wenn einen alljährlich so im Februar / März wie von Zauberhand gelenkt plötzliche Hektik ergreift und man den Winter vertreibend durch großes Reinemachen Muff, Spinnenweben, Staub, Asche und gegebenenfalls auch den Spörgel entfernt. Damit tut man dem überaus zauberhaft zierlichen Frühlings-Spörgel herzlich unrecht, denn wenn die ersten warmen Sonnenstrahlen auf entblößte Sandböschungen von Bahntrassen, Dämmen, Grabenkanten, Straßen- und Wegrändern treffen, ist dieses 5 bis 25 Zentimeter hohe Nelkengewächs bereits zur Stelle. Das filigrane Etwas mit kleinen, graugrünen Blattquirlen, übereinandergesteckt an runden, sich etwas fettig anfühlenden Stängeln, glänzt von Ende März bis Juni mit weißen Strahlenblüten. Die gut 5 Millimeter großen, sternförmigen Blüten gehen dann allerdings rasch in rundliche Fruchtkapseln über, die schmale Diskusscheiben als flugfähige Fortpflanzungsobjekte auf die Reise schicken. Die braunen, nur etwa 1 Millimeter breiten Samenflügel sind dabei ein wichtiges Unterscheidungskriterium zu weiteren Spörgel-Arten, die mit Olympiagold dekorierten Harting-Brüder hätten ihre helle Freude an diesem Diskus-Arsenal. Vor allem ab Spätfrühling achtet dann aber kaum noch jemand auf diese traurige, immer nur einjährige Gestalt, was sich ja auch schon vorher eher in Grenzen hielt. Als typisch nord- und ostdeutsches Kraut gibt ihr ein weiterer unsichtbarer Geselle Anschwung: Es ist der Wind, der den Sand durchwirbelt und vor sich herweht. Da das nun wirklich nicht jedermanns Ding ist, nutzt der Frühlings-Spörgel hier eine Nische und dreht den anderen so (s)eine Nase.

Ein Hutständer besonderer Art – das Durchwachsenblättrige Hellerkraut (*Thlaspi perfoliata*). Eigentlich ist es etwas für die Puppenstube oder die Modelleisenbahn. Es blüht im März bis Juni zunächst mit kleinen weißen Blüten, die kaum für Aufsehen sorgen. Dann aber

hat sich dieser im Gebirge verbreitete Repräsentant ein Fleißkärtchen verdient. Das Kraut streckt und streckt sich bis zu einer doch noch ansehnlichen Höhe von 30 Zentimetern und erarbeitet sich dabei zahlreiche, quer zur Achse stehende Schötchen. Das sieht aus wie bei einem Hutständer, nur eben ohne Hüte. Man muss schließlich auch noch später (im Jahr) seine Trümpfe ausspielen können, um möglichen Demütigungen seines Daseins zu entgehen.

40

Na was denn nun – die Roggen-Gerste (*Hordeum secalinum*). Die in weiten Teilen Deutschlands nur auf Regionen mit Salzen im Boden beschränkte ausdauernde Roggen-Gerste ist mit Sicherheit eine Gerste (*Hordeum*), nur sind die Ähren dieses «Wildgetreides» viel schlanker als die bei der Kultur-Gerste. Ihre Unscheinbarkeit ist trotz 70 Zentimeter Höhe und büscheliger Wuchsform ihr Wesen. Sie blüht von Juni bis August an knickig aufsteigenden, dünnen Halmen auf nährstoffreichen Böden: auf Weiden viel lieber als auf Wiesen. Hier kann sie nämlich ihre Stärken ausspielen, die langen, ungenießbaren Grannen. Nur wenn der Wind über Deiche, Weiden und Roggengerste-Wiesen weht, kann man das attraktive Gras schon eher erkennen. Fast wie Getreide-/Roggenfelder, wenn mal 10 000 «Wiesen-Gersten» dieser oft geselligen Pflanze zusammenkommen. Oder man muss auf den Spätsommer und den Herbst warten. Dann erkennt man an vertrockneten Halmen abgebrochene, ausgedünnte, nie aber als Ganzes abfallende strohfarbene bis weißliche, leicht rotstichige Ährentorsi. Diese Reste fallen sogar oft eher ins Auge als ganze Individuen zwei/drei Monate zuvor im dann allseits satten Grün. Ich weiß, wovon ich hier rede, nicht von ungefähr sucht der Prinz aus dem Märchen eine Braut – ähm, der Feder seine geliebte Roggen-Gerste.

Verliert immer seine Preise – der Acker-Ehrenpreis (*Veronica agrestis*). Einen Narren gefressen habe ich auch an den Ehrenpreisen, die meistens in Blau daherkommen. Der Acker-Ehrenpreis macht da keine Ausnahme, sein Blau ist aber sehr dezent und mit viel Weiß vermischt. Sozusagen ein Wischiwaschi-Ehrenpreis. Dumm aus der Wäsche guckt dieser Rachenblütler, wenn Mensch, Tier oder Wind an seinen Grundfesten rütteln. Sofort verliert er nämlich seine Blüten – hinfällig nennen wir das. Darüber ist schon vielfach mit der Bezeichnung «Männertreu» ironisiert worden, denn herabfallende Blüten haben nichts mit Treue zu tun. Der nur 5 bis 15 Zentimeter hohe, aber bis 40 Zentimeter breite einjährige Acker-Ehrenpreis ist stark verwechslungsträchtig. Das fängt beim Namen an: Es gibt auch noch den Feld-Ehrenpreis, der aber aufrecht bleibt und königsblaue Blüten besitzt. Und zwischen Efeublättrigem, Glänzendem, Glanzlosem oder Persischem Ehrenpreis, die alle wie böse Schwestern auch noch auf Äckern wachsen, geht er gerne unter. Einen typischen Acker-Ehrenpreis erkennt man an eilänglichen, grob gekerbten Blättern, dem vielen Weiß der Blüten und an drüsig behaarten, am Ende unverhältnismäßig großen Fruchtkapseln. Um ihn zu finden, muss man Erdbeerbeete durchforsten, Gräber absuchen, in Vorgärten hospitieren, an Parkplätzen gespielt gelangweilt gucken oder Bahnlinien abgrasen. Ich bin ein ausgesprochener Acker-Ehrenpreis-Jäger, denn ich liebe diesen pflanzlichen Filou, diesen Gelegenheitsarbeiter, dieses Schlitzohr. Mit ihm muss immer gerechnet werden, meistens mit, aber auch mal ohne Blüten.

Hält man kaum im Kopf aus – den Kleinen Wiesenknopf (*Sanguisorba minor*). Unzählige Namen hat man ihm gegeben: Becherblume, Blutstillerin, Bibernelle, Pimpernelle, Braunelle, Drachenblut, Herrgottsworte, Körbelskraut, Megenkraut oder Sperberblume. Ist

Typ Aschenputtel

ja fast ein Kulturrausch. Geschuldet ist dies den anhaltend vielfältigen Nutzungen. Ehedem bei Blutungen, Husten, Zahnschmerzen, Entzündungen im Mund- sowie Rachenraum eingesetzt, ist er heute noch gebräuchlich in kalten Getränken sowie Kräutersuppen als nach Gurken schmeckende Salatpflanze. Auch ist er Bestandteil der berühmten Frankfurter Grünen Soße. Der bis zu 60 Zentimeter hohe Kleine Wiesenknopf, von Mai bis August blühend, hat es tatsächlich am Kopf. Kaum 2 Zentimeter hoch und 1 Zentimeter breit, befinden sich in seiner Mitte zwittrige Blüten. Darüber die fulminanten, vierteiligen, grünlich bis weinroten wie Federboas aussehenden weiblichen Blüten – und am unteren Kopfende zuerst reifende männliche Blüten mit gelblichen Staubgefäßen an langen roten Staubfäden. Ein kleines Wunderwerk aus Natur und Technik. Eine Pfahlwurzel im oft steinigen, sonnendurchfluteten Gelände und ein steifer Hauptspross rücken blaugrüne, stark gesägte Fiederblättchen und abzweigende Blüten ins rechte Licht. Dieses Rosengewächs ist der kleine Bruder vom noch attraktiveren, weil auch viel größeren Großen Wiesenknopf, beide gemeinsam laufen sich jedoch wegen abweichender Biotope nie über den Weg.

Typ Aschenputtel

3

Typ Barhocker

Sie bilden so eine ganz eigene Spezies, die Menschen, die ihre Abende in mehr oder weniger düsteren Etablissements verbringen. Stundenlang sitzen sie am Tresen, sinnieren über das Leben – und vergessen dann doch nach dem fünften oder sechsten Drink, was sie eigentlich gerade eben noch beschlossen hatten. Mit der Zeit wird der Tresen dann zu so etwas wie der Lieblingsjeans – man gibt den Platz (oder die Hose) nicht mehr her, hier hat man immer ein kühles Bier oder ein Glas Sekt auf Lager. Und ganz gleich wie das Ambiente der Kneipe ist, stets wird man herzlich begrüßt: «Schön, dass du da bist! Das Gleiche wie immer?» Man kommt sich dann so abgeklärt vor, auch ein wenig bequem, weil man nichts Neues ausprobieren möchte. Positiv könnte man das auch als standhaft bezeichnen. Als Stammgast beharrt man auf seinen Ritualen, auch wenn andere das ziemlich langweilig finden. Aber der Barhocker ist eben ein zweites Zuhause, da will man es gemütlich haben, da sitzt man stoisch seine Stunden ab.

Betrunkene, Tresenphilosophen und einsame Herzen – in der Kneipe kommen sie zusammen, Handwerkermeister, Schriftsteller, Friseurin oder Geschäftsfrau. Auf dem Barhocker sind wir alle gleich. Ist das wirklich so? Stimmen diese Klischees? Zieht es manche ins Schummrige, weil sie lichtscheu sind, vielleicht sogar ein wenig halbseiden? Vermeiden sie deshalb das grelle Licht wie die Pest? Ein bisschen mag es schon stimmen. Und natürlich geben die Philosophen am Tresen auch nicht nur Kluges von sich. Oft wiederholen sie sich, reden viel zu viel über sich selbst, stellen sich in den Vordergrund. Das sind die Redseligen, denen nie der Mund versagt und die um ihre Zuhörer wissen. Und nicht selten geht das nervige Gesabbel ins Lästern über, sie fallen dann mit der Tür ins Haus, werden bissig. Da wird über nicht Anwesende hergezogen, Politiker werden argumentationslos beschimpft und Skandale dazu benutzt, den eigenen Zynismus hochleben zu lassen. Aus dem Philosophen wird dann ein Vulkan. Und die nachbarschaftlichen Kampftrinker brodeln dann mit. Subtil ist da etwas ganz anderes.

Manch einer bleibt aber tatsächlich gelassen, lässt sich nicht im Geringsten provozieren, beobachtet einfach nur das Geschehen ringsum, lässt sich davon aber nicht beeindrucken, bleibt in seiner inneren Verfasstheit seelenruhig. Egal wie schlecht die Luft auch sein mag, fast stoisch hockt er da, umfasst unerschütterlich sein Glas, nichts kann ihn aus der Ruhe bringen.

Die hohe Kunst besteht jetzt darin, am Ende nicht sturzbetrunken vom Hocker und ins Koma zu fallen, sondern zu wissen, wann man heimgehen sollte, wann die letzte Runde angebrochen ist, das letzte Stündlein geschlagen hat. Das Bar-Personal will nach Hause, und eine Afterhour ist auch nicht geplant. Also ist es zweifelsohne das Stilvollste, nach dem Ausrufen der letzten Runde sein Glas zu leeren und seinen Deckel zu bezahlen, seinen Mantel oder seine Jacke anzuziehen und zufrieden zur Tür hinauszuwanken. Ganz schön monoton kann sie sein, die letzte Schicht am Tresen.

Pflanzen können keine zweite Heimat installieren, sie haben einen festen Standort, sind von Natur aus immobil. Sie hocken gleichsam ständig auf einem Barhocker, manchmal sogar übereinander, völlig unverfroren, völlig unbekümmert, und bilden eine Festung. Das ist auch nicht weiter verwunderlich, sie können nicht wie Menschen und Tiere fliehen, wenn Gefahr droht, sie können zu ihrer Verteidigung auch keine Waffe in die Hand nehmen. Wenn es stürmt, haben sie nicht die Chance, in einem Stall, unter einem Baum, in einem Haus Unterschlupf zu suchen. Um nicht umgepustet zu werden, können sie nur auf die Biegsamkeit von Stamm oder Stängel zählen. So wie der Hocker am Tresen sich bei steigendem Promillegehalt auf seinem Platz zu behaupten hat, sich vom ewigen Gewicht fast einzugraben scheint, aber im Gleichgewicht bleiben muss, trotz auch mal diverser Schwankungen so nach links und rechts.

Und auch in der Botanik gibt es lichtscheues Gesindel – dabei ist das Licht doch notwendig, damit Pflanzen Fotosynthese betreiben und wachsen können. Kein Leben ohne Licht – auf diesem Grundsatz basiert die Evolution des Pflanzenreichs. Und weil das Licht so wichtig ist, wissen die Pflanzen genau, ob sie sich gerade im Dunkeln oder im Hellen befinden. Dabei nehmen sie auf vielfältige Weise Licht wahr. Sie können ultraviolettes Licht erkennen, Infrarotlicht, registrieren, ob es gerade wenig Licht gibt, ob Mittag ist und damit der höchste Sonnenstand. Und das können sie oft sogar besser als manche Menschen! Eine zu starke Sonneneinstrahlung mögen Pflanzen nämlich auch nicht, dann klappen sie ihre Blätter ein oder schließen die Blüten. So reduzieren sie ihre Angriffsfläche auf ein Minimum, denn auch Pflanzen können sich einen Sonnenbrand holen, weshalb zum Beispiel nur bestimmte Arten geeignet sind, in Steppen und Wüsten oder im Gestein zu überleben.

Pflanzen sind ziemlich clever, sie wissen auch, ob das Licht bald verschwindet, ob es von rechts oder links kommt, ob eine andere Pflanze ihnen das Licht wegnehmen will und sie sich eine andere Richtung aussuchen müssen, um diesem Nebenbuhler zu zeigen, dass man sich von ihm nicht unterkriegen lässt. Und deshalb ist etwa der Efeu nicht wirklich lichtscheu oder schattenliebend, wie gern behauptet wird. Er hat nur in seinen Genen verinnerlicht, dass er das, was den Schatten wirft, einfach nur überwinden muss, dann kommt er schon ans andere Licht. Dazu helfen ihm seine hervorragenden Klettereigenschaften – und eben Geduld. Ähnlich wie ein unermüdlicher, nahezu stoischer Tresenhocker wartet er auf den richtigen Moment, die Hürde zu nehmen, das Problem zu überwinden, dazu braucht er nur Sitzfleisch, hier Haftwurzeln – oder muss einfach platt aufsitzen. Und Pflanzen gelingt das oft viel leichter als Menschen:

Taucht immer mal wieder ab – die Bucklige Wasserlinse (*Lemna gibba*). Sie ist eine heimische Wasserpflanze, ganz korrekt eine Schwimmblattpflanze. Dieser Möchtegern ist innerhalb seiner bucklingen Verwandtschaft ganz einfach zu bestimmen, man dreht ihn dazu nur um: Keiner besitzt nämlich so ein schönes Luftkissen wie diese Wasserlinse, schön rund wie ein Bürgermeisterbauch. Das gefelderte, aufgeblasene Gewebe ist ein idealer Träger auf überwiegend stehenden Gewässern. Die wärmeliebende, salztolerante, um 5 Millimeter lange Wasserlinse liebt nährstoffreiches, man sagt sogar verschmutztes Wasser (habe ich aber noch nie beobachten können). Die grünen Buckellinsen-Decken können im Spätsommer und Herbst sehr dicht werden, danach verfärben sich die Linsen oft rötlich bis rotviolett und schieben sich über- und untereinander. Das führt darunter dann auch mal zu einer Sauerstoffverarmung. Im Winter sinken die dann flacheren Linsen auf den Gewässergrund, harren dort aus, um sich, wieder aufgepumpt, im nächsten Jahr sozusagen buckelwasserlinsenvergnügt erneut an der Wasseroberfläche zu zeigen. Und ihren so typischen Barhocker-Hintern haben sie dann auch schon wieder dabei!

Wer wird denn gleich in die Luft gehen – der Winterling (*Eranthis hiemalis*). Wenn es draußen noch so richtig frostig, kalt und winterlich ist, aber die Februarsonne schon erste Zwecke erfüllt, gibt der Winterling sein Programm zum Besten. Jedoch nur bedingt, denn er hat zwei Gesichter. Das erste zeigt er, wenn das zunächst 5, dann 15 Zentimeter hohe Hahnenfußgewächs seine zuerst kugeligen, später sternförmig ausgebreiteten Blüten präsentiert. Ein Winterling allein macht noch wenig Eindruck, eine Winterling-Versammlung aber schon. Dieser Zwerg ziert Gebüsche, Parkrasen, Vorgärten und Waldgebiete. Das zweite Gesicht folgt nach der Blüte, wenn die Hochblätter zu tellerartig flachen, kreisrunden und gezipfelten Propellern von graugrüner Farbe ausarten. Das sieht aus, als wenn alle gleich in die Luft gehen wollten – eben wie diese oft albernen Vulkane am Tresen. Dass er giftig ist, man ihn zudem als Sprossknollenpflanze ganz schlecht vasenmäßig haben kann und er schon im Mai wieder die Biege macht – all das verzeiht man diesem Knilch. Denn immer kommt er freudig im nächsten Jahr wieder, oft plötzlich und ganz schön überraschend, selbst noch im oder einfach so durch den letzten Schnee.

Afterhourparty nie ohne ihn – der Wassernabel (*Hydrocotyle vulgaris*). Bei unserer Oma in Warendorf gab's für uns Feder-Kinder Ende der sechziger Jahre ab und zu ein Fünfmarkstück als Sondertaschengeld, manchmal sogar zwei oder gar drei. Das war damals mit das Größte, diese «Heiermänner» waren für uns viel Geld. Das erklärt auch meine Vorliebe für den geduldigen Wassernabel. Seine bis 6 Zentimeter breiten wie langen, fast kreisrunden Blätter erinnern an plantare Teller, an übergroße Nabel, eben an das gute alte Fünfmarkstück. Die Blüten sind weiß und winzig, ganz verschwiegen stets unter den Blättern. Diese Nabelblätter sind an unter- wie auch oberirdischen Ausläufern drapiert. Wahre Nabelteppiche finden sich in Feuchtheiden, Moorstichen, Sandgruben, flachwüchsigen Sümpfen und auch mal an Waldwegen. Noch zum Wort «Heiermann»: Ab den fünfziger Jahren wurde es verstärkt benutzt, fünf deutsche Mark reichten damals noch aus für einen Bordellbesuch im Hamburger Hafen. «Heia machen» ist eine norddeutsche Umschreibung für «schlafen», und der Heia-/Heiermann galt als Beischlaf-Begleichungsbetrag. Ach, meine so schönen Kindheitserinnerungen haben da jetzt aber Kratzer abbekommen, wenn auch nur kleine.

Eine Art wie ich – die Mauerraute (*Asplenium ruta-muraria*). Dieser Mauerfarn wird von manchen für schnödes Moos gehalten. Mmmh. Wie diese genügsame, wintergrüne Pflanze sich aus den Ritzen von natürlichen Felsen und Mauern herauszwängt, das nötigt mir immer Respekt ab. Ich selbst bin ja auch mal zwanghaft – etwa wenn ich mir aus Prinzip in Tankstellen nie etwas zu essen kaufe (die sollen da Sprit verkaufen und nichts anderes), auswärts immer in meinem kleinen blauen Auto übernachte, nach Möglichkeit nie Fahrstühle und Rolltreppen benutze, Bräunungs- und Fitnessstudios noch nie von innen gesehen habe oder ich Coffee to go meide wie die Pest – doch die Mauerraute ist für mich Inbegriff von Ausdauer, Aufsässigkeit, Bescheidenheit und Demut. Ein ewiger Rebell der Mauerfuge, ein pflanzlicher Stubenhocker, nicht selten tatsächlich ganz nah dran an Stuben (Häusern). Ob trocken oder feucht, ob besonnt oder voll schattig, von Ziersträuchern bedrängt oder im Staub der Straße, die Mauerraute ist immer da. Ein wirklich treuer Stammgast. Mit rautenförmigen, grünen bis messingfarbenen Blättern in bärtigen Büscheln fristet sie ihr Dasein. Dabei lässt sie nichts aus, die Mauern müssen nur alt oder etwas schlampig errichtet sein. An Bahnhofsrampen-, Brücken-, Friedhofs-, Gefängnis-, Hof-, Kai-, Kasernen-, Keller-, Kirchturm-, Krankenhaus-, Schleusen-, Schornstein-, Schul-, Stütz-, Windmühlen- oder einfach freistehenden Mauern wird man ihrer fündig. Unerschrocken reckt der Farn seine bis 15 Zentimeter langen Blätter, um von Juli bis Oktober die Sporen der Blattunterseiten in die steinerne Umgebung zu entlassen.

Immer im Höhendelirium – die Alpen-Aurikel (*Primula auricula*). Eine Fanal- und Signalpflanze nobler Faszination stellt die Alpen-Aurikel dar. Fast schon außerirdisch wirkt sie, so weit oberhalb der Baumgrenze, noch Ende Mai im Schnee, im Kontrast zu tiefhängenden Wolken, im nicht seltenen Nieselregen der Alpen und ihres Vorlands. Eines der edelsten Pflanzengeschöpfe überhaupt und ein nach keuchenden Aufstiegen verdienter Trost. Fast ein bisschen eingebildet kommt sie daher, etwas geltungssüchtig, scheint sich was zu feixen. Der Name «Gamsblume» sagt schon mehr und verdeutlicht, wo sich diese geschützte, nur 5 bis 25 Zentimeter hohe und von April bis Juni hell- bis goldgelb blühende Schönheit aufhält. Die Alpen-Aurikel ist eine typische Schaftblume, ihre um 2 Zentimeter breiten und langen Stieltellerblüten entspringen fast alle einem Punkt (Trugdolde). Derbe bläulich grüne Blätter sind in ausgeprägten Rosetten konzentriert. Das bedeutet festen Stand und Schutz vor Austrocknung, Erosion, Kälte, Schneerutschen, Sonneneinstrahlung (UV-Licht in Alpenhöhen), Sturm und Tierfraß. Sie sind unverzichtbare Allzweckwaffen in unwirtlichen Lagen, eine gekonnte Leistung unberührter Natur, von der man hier oben noch absolut sprechen kann. Bis 1,5 Millimeter große Samen befinden sich in kugeligen Kapseln und werden von Wasser und Wind verbreitet. Gesehen habe ich die Alpen-Aurikel 2014 im Estergebirge bei Garmisch-Partenkirchen, zusammen mit weißer Alpen-Kuhschelle, tiefblauen Enzianen, weißen Krokussen, Kalk-Blaugras und Stängelloser Lichtnelke, einem Steinadler und gleich 129 Alpensalamandern. Diese schwarzen und leicht schmierigen Huscher kamen während eines kühlen Bergregens (dieser nach sehr langer Zeit!) von allen Seiten zur Paarung auf den nun plötzlich nassen Pfaden heraus. Was für ein unverschämtes Glück für den verdatterten Bremer Fischkopp.

Ein gefürchteter Hocker – die Rispen-Segge (*Carex paniculata*). Gestalttherapeutisch bin ich ja nun wenig gebildet, aber zur bis 1,5 Meter hohen, immer einzeln in Horsten wachsenden Rispen-Segge fallen mir im ausgewachsenen Stadium Barhocker und in kleineren

Phasen Afrofrisuren oder Bubiköpfe ein. Die Musiker Jimi Hendrix und Michael Jackson, die Fußballer Paul Breitner oder Carlos Valderrama oder mein Schulfreund Ulrich K. (alle in jungen Jahren) kommen denen nah. Wie jene ist diese Segge recht eigenwillig, vielgestaltig und wacker. Sie ist kräftig, frischgrün und mag nasse, nährstoffreiche, gern quellige Sümpfe, Wälder und Wiesen. «De Segg muss weg!», posaunten früher die Bauern, denn Seggen wurden oft aufgrund scharfer Blattränder nicht von Weidetieren gefressen – zu blöd für sie aber auch. So entwässerte man, düngte, rodete, forstete auf oder planierte an sie heran. Bei ihr aber mit mäßigem Erfolg, denn noch immer ist diese sägende Rispen-Segge recht häufig. Die im Querschnitt bootförmig geformten Blätter hängen meist schlaff über. Früher machte man aus dem Stroh der Pflanze Polstermaterial, benutzte es zum Feuerentfachen oder überließ es jung und frisch und in der Not dann doch noch mal den eigenen Weidetieren. Vormals absensen konnte man die schlecht, wegen des kräftigen Wurzelstocks – ein ganz gefürchteter «Seißendeubel» (Sensenteufel).

Rasierklingen stets dabei – das Gewöhnliche Bartgras (*Bothriochloa ischaemum*). Eine feingliedrige Schönheit ist das Bartgras, erstmals sah ich es in Halle an der Saale. Am Tag des WM-Fußballfinales Argentinien gegen Deutschland (13. Juli 2014), das mit Mario Götzes goldenem Tor in der Verlängerung endete – ich schaffte es damals so gerade noch nach Hause, so aufgeregt war ich. Denn auch das Gras hatte mein Blut in Wallung gebracht. Es kann ganze 60 Zentimeter hoch werden und tritt gesellig auf, vor allem dort, wo Mensch und Tier im Spiel sind. Das Bartgras ist eine Bordüren-Pflanze, ein Borderliner an Pfaden und Viehwegen. Steif aufrechte, blaugrüne Sprosse mit langen, oberseitig bärtig behaarten Blättern prädestinieren es dazu. Der Clou sind von Ende Juni bis September fingerartig geteilte Blütenstände.

Wie kleine Rasierklingen stehen sie schräg ab, es soll so wenig wie möglich die gleißende Sonne draufknallen. Da es Dünger und Gehölze verabscheut, zählt es zu Deutschlands bedrohten Arten mit hier nur sehr kleinen Arealen.

Gut gepolstert – die Pfingst-Nelke (*Dianthus gratianopolitanus*). Diese Nelkenart hat auch viel Sitzfleisch und enormen Gleichmut. Voller Harmonie hält sie sich mit bis zu 30 Zentimeter breiten, um 5 Zentimeter hohen Polstern auf Felsen, Felsvorsprüngen und in lückigen Felsrasen. Hellpurpurfarbene Blüten stehen stieltellerartig, jede für sich. Die enge Blütenröhre ist nur 1,5 Zentimeter lang, nur Tagfalter kommen hier zum Zuge. Ein Haarkranz am Anfang der Kronröhre wehrt ungebetene Nektarfreunde ab (wäre auch eine tolle Methode, um sich am Tresen falsche Freunde vom Hals zu schaffen). Die feinen, blaugrünen, vorne abgerundeten Blät-

54

ter sind beste Anpassungen an Hitze und Trockenheit. Zur Blütezeit im Mai bis Juni kommt man etwa an einem Sonnentag hoch über dem Altmühltal bei Eichstätt (Mittelfranken) voll auf seine Kosten, das sind dann wahre Feiertage für den Naturfreund.

Am Ende wird's ganz bröselig – die Salzmiere (*Honckenya peploides*). Sie ist jetzt zwar kein Honk, aber schon ein wenig extraterrestrisch. Allein der Standort ist ungewöhnlich, sie kommt nämlich nur an der Nord- und Ostseeküste vor, direkt dort, wo Leute ihre Decken ausbreiten, im trockenen und grundfeuchten Sand. Es ist eine meiner Lieblingspflanzen, weil sie kaum einer beachtet, ein typischer Strandhocker, ein Salzhocker. Sozusagen ein Trojanisches Pferd, besser Pferdchen, an manchem FKK-Strand. Denn nur 5 bis 25 Zentimeter hoch wird diese ausdauernde Pflanze. Menschentritt gefällt ihr gar nicht. Extrem derbe Blätter sind schuppenartig und kreuzweise gegenständig an dünnen, aber fleischigen Stängeln platziert. Das bricht den Sandwind und trotzt der Sonne. Implantierte Drüsen an den Blättern scheiden überflüssiges Salz aktiv aus. Mich erinnert das an diese früher an Gummibändchen kettenartig aufgereihten Zuckerbonbons, welche sich vor allem die Mädchen um Hals und Handgelenke banden (lang, lang ist es her!). Unterirdisch sorgen aktive Rhizome manchmal für Salzmieren-Decken von vielen Quadratmetern. Bei dauernd wehendem Wind läuft das Nelkengewächs zur Hochform auf und wächst einfach mit. Die Blüten sind mit 1 Zentimeter Breite eher winzig, genauso wie später die oben aufgestupsten, zur Reifezeit goldgelben Fruchtkapseln. Im

Herbst wird aber alles ganz schnell fahl und unansehnlich, alles brö-selt auseinander. Die feinen Samen fegt dann der Wind umher. Wer kennt denn nicht so einen Zustand zum Schluss an der Bar?

Bloß nicht abdriften – der Hufeisenklee (*Hippocrepis comosa*). Ein einnehmendes Wesen besitzt der Hufeisenklee, ersichtlich durch sich selbst und seine enormen Mengen. Wo es ihm gefällt, auf son-nigen, kurzwüchsigen, kalkreichen, steinigen Bö-den, überzieht dieser nur 8 bis 20 Zentime-ter hohe Geselle ganze Teilflächen. Er ist ein Wegelagerer, ein Grenzgänger, eine Blütendecke. Aus einer dicken Pfahl-wurzel zwängen sich mehrere derbe Sprosse, die alsbald seitlich zu liegen kommen. Von Mai bis Anfang August werden blattachselständig bis zu zehn gelbe, gut 1 Zentimeter lange Blüten tellerartig angeordnet und gen Him-mel gereckt. Feine Fiederblättchen setzen sich aus bis zu sieben Blattpaaren zusam-men, bloß nicht der Sonne zu viel Angriffsflä-che bieten. Die Fruchthülsen sind bis 3 Zentimeter lang und korkenzieherartig verzwirbelt. Warum dieser Klee das so macht, hat er mir nie verraten. Sich am Ende in mehrere Teile zu zerlegen soll wohl ein Abdriften im oft offenen und hängigen Gelände ver-hindern. Der Hufeisenklee blockiert sich am Ende selbst. Seinen stets guten Charakter verrät dieser Schmetterlingsblütler auch dadurch, dass er es in den Alpen bis auf fast 2000 Meter Höhe schafft. Erstaun-licherweise zeigt er aber gleich schon hinter Sachsen und allen deut-schen Gebirgen um Tschechien herum die lange Nase, hier endet in Europa nach Osten bereits sein doch sonst so optimistisches Wesen.

Typ Diva

D ie Diva ist die Göttliche, die Unsterbliche. Was letztlich bedeutet, dass keine Diva – egal ob weiblich oder männlich – ein normaler Mensch sein kann, jedenfalls keiner mit Pickeln, Übergewicht, Cellulitis, Drogenproblemen, Kopfschmerzen oder Schulden. Das alles wäre doch viel zu irdisch, das würde dem entgegenstehen, was man sich über eine göttliche Gestalt zusammenphantasiert hat. Eine Diva ist eine Kopfgeburt – und das wussten und wissen schon Frauen wie Marlene Dietrich, Grace Kelly, Greta Garbo, Jennifer Lopez, Madonna oder die norwegische Eiskunstläuferin Sonja Henie. Männer wie Andy Warhol, Elton John, Karl Lagerfeld, Rudolph «Mosi» Moshammer, Alice Cooper, Falco oder Boy George. Sie spielten mit der Illusion, pflegten ihre Geheimnisse, gaben wenig von sich preis, um ja nicht erkennen zu lassen, wer sie denn nun wirklich waren, die echte Person hinter der stilisierten Erscheinung. Denn wer kann schon dauerhaft anmutig, grazil, glamourös oder extravagant daherkommen? Irgendwann muss man sich doch auch mal die Zähne putzen, ein zerschlissenes T-Shirt tragen, vergnügt blähen und nach Herzenslust gähnen.

Doch um den Eindruck zu vermitteln, dass all diese Dinge bei ihnen scheinbar keinen Platz im Leben haben, bedarf es eines gewissen Könnens. Eines Sich-selbst-Erkennens. Denn nur wer sich genau analysiert hat, kann selbstbewusst auftreten, ein Hauch arrogant sein und stets Klasse haben. Da unterscheiden sich Diven von Narzissten. Narzisstische Charaktere präsentieren ihr Selbst als eine Überlebensstrategie. Sie haben ein Bild von sich, das sie mit Zähnen und Klauen verteidigen, um Kränkungen, Kritik und Misserfolgen so weit wie möglich aus dem Weg zu gehen. Ohne dieses Vorgehen wären sie tatsächlich nicht überlebensfähig. Und werden sie doch angegriffen, weil man sie etwa für Hochstapler hält, reagieren sie vielfach brutal und vor allen Dingen unfair. Bei ihnen geht es, wie die Philosophin Ariadne von Schirach betont, «immer gleich ums Ganze».

Diven wissen dagegen um ihre Schwächen, sind aber nicht bemüht, sie zu leugnen, abzuwehren und zu bestreiten. Sie gehen klüger vor, weil sie mit sich im Reinen sind, und versuchen stattdessen ihre Stärken zu optimieren und auch nur diese zu zeigen. Im Gegensatz zu den Narzissten überrumpeln sie nicht die anderen, überschreiten keine Grenzen und konzentrieren sich nicht auf die Fehler anderer – meistens jedenfalls. Sie müssen nicht manipulativ agieren und eine Maske vor sich selbst tragen – höchstens vor den anderen, um undurchschaubar und wie ein Wesen von einer anderen Welt zu erscheinen. Mutig und manchmal auch ein bisschen verwegen.

Beiden – den Diven und den Narzissten – gemeinsam ist, dass sie oft attraktiv sind. Sie möchten – und wer will es ihnen verdenken? – Aufmerksamkeit und Bewunderung. «Sie sind der Beste. Sie sind die Schönste.» Und zu nah soll ihnen auch keiner kommen. Gezielt setzen sie ihre Strategien ein, um zu erhalten, was sie sich wünschen und von den anderen wollen. Ihre positiven Charaktereigenschaften: Sie sind durchsetzungsfähig, zielgerichtet, engagiert. In ihrer negativen Ausrichtung wirken sie manchmal anstrengend, auch über die Maßen kapriziös, kühl und berechnend, rational, trotz aller Verruchtheit.

Und wie sieht es bei den Pflanzen aus? Evolutionär geht es bei ihnen um die nackte Existenz. Die gilt es zu sichern, das ist die entscheidende Basis. Aber das kann in manchen Fällen auch mit den Mitteln der Diva gelingen. Was heißt: Zahlreiche Pflanzenarten verlassen sich bei der Bestäubung nicht auf den Wind, denn er wirbelt Samen und Pollen eher wahllos umher. Die kostbare Sendung kann daher irgendwo landen, schlimmstenfalls dort, wo sie einfach versandet. Die Diven unter den Pflanzen sind da vielfach etwas anspruchsvoller und «denken» effektiv, ihnen ist wichtig, dass ihre Pollen gezielt landen. Sie wollen sich nicht auf Wahrscheinlichkeiten verlassen. Entsprechend haben sie Methoden entwickelt, die ein solches gezieltes Vorgehen begünstigen. Entscheidend ist nämlich auch, dass die Pollen nicht kreuz und quer verteilt werden, sondern auf Blüten derselben Art. Kein Krokus möchte bei einem Veilchen landen, das wäre vergebene Liebesmühe. Er setzt auf Blütentreue, doch wie man ja weiß, ist das kein leichtes Unterfangen.

Doch für dieses ausgesuchte Transportbusiness brauchen sie einen entsprechenden Partner. Tiere kommen da in Frage, die man zu diesem Zweck nur für sich gewinnen muss. Es bei einem einfachen Grün zu belassen, das wäre zu simpel, denn damit holt man keine Biene hinter dem Stock hervor. Man muss da schon einiges aufbieten, um sie zu locken und zu verführen, wenn man auf ihre Mithilfe angewiesen ist. Und da haben sich Pflanzen tatsächlich einiges einfallen lassen, die buntesten und schillerndsten Farben oder wohlriechenden Nektar mit besonderen Geschmacksnoten und Aromen. Irgendeine Belohnung muss es ja schon geben, der Flirt mit der Pflanze muss sich «auszahlen». Klar, dass man bestäubende Insekten, derart geblendet, magisch in den Bann zieht (im Menschenreich setzt man diese Strategien nicht minder einfallsreich ein). Manche Pflanzen halten auch, was sie versprechen, andere sind nicht zimperlich, ihre tierischen Verbündeten zu manipulieren, zu täuschen. So produziert eine Orchideenart Lockstoffe, bei denen die Weibchen der Schwebefliege schwach werden. Voller Entzücken lassen sie sich in der Orchideenblüte nieder und legen dort ihre Eier ab, in der Hoffnung, dass später die Larven genügend zum Futtern haben. Doch diese haben das bittere Nachsehen, sie werden sterben. Dabei waren die Weibchen davon ausgegangen, sich in einem Nest von Blattläusen niedergelassen zu haben – Blattläuse sondern nämlich identische Aromen ab. Die Orchidee lacht sich ins Fäustchen, sie hat ihr Ziel, die Bestäubung, erreicht. Bereits Geheimrat Johann Wolfgang von Goethe philosophierte: «Das Äußere einer Pflanze ist nur die Hälfte der Wirklichkeit.» Und da hat der gute Mann sogar noch untertrieben!

Jingle bells – der Märzenbecher (*Leucojum vernum*). Im zeitigen Frühjahr sind noch nicht so viele Diven unterwegs, über die sich fabulieren ließe. Aber wenn sich die Märzenbecher durch den Schnee gekämpft haben, wird nach allen Richtungen hin graziös genickt. Die weißen bezaubernden Hütchen mit den grünlich punktierten Blütenspitzen und den vielen gelben Staubgefäßen (hübschen Details also) sehen überaus elegant aus, wie kleine halbkugelige Glöckchen, die an blattlosen, glänzend grünen Stängeln hängen. Die Blüten duften intensiv, doch ihr Nektar ist nicht frei zugänglich. Die tierischen Freunde müssen den Griffel erst regelrecht anbohren, um zur Nahrungsquelle zu gelangen. Bei diesem Versuch lassen die Staubbeutel Pollen auf Kopf und Rücken der Insekten fallen. Die raffinierte Stellung der Blüten hilft dabei, vor Frost und Nässe zu schützen. Denn nicht jede Diva braucht nämlich einen Pelzmantel.

Die Grace Kelly unter den Blumen – das Sumpf-Herzblatt (*Parnassia palustris*). Das herrlich extravagante und dabei so coole Sumpf-Herzblatt hat einen ganz eigenen Charme. Das liegt zum einen daran, dass die Blume äußerst selten geworden und vielerorts längst ausgestorben ist. 2017 sah ich sie nur auf Rügen und in zwei Naturschutzgebieten: bei Osnabrück (Silberberg) und in der Nähe von Elmshorn (Liether Kalkgrube). Zu gern möchte man sie daher auch im Land Hamburg wieder ansiedeln, was vor allem an ihrem Aussehen liegt, wie Grace Kelly in ihren besten Tagen. Die bis zu 3 Zentimeter breiten, kelchartigen Blüten zeichnen ein reinstes Weiß mit fünf Blütenblättern. Innen sind zahlreiche knickig bis bogige grüne Streifen eingebaut, so ziemlich einmalig in heimischer Flora. Einfach zum Ausflippen schön, eine wahrhaft kühle Blondine mit klarem Äußeren! Am glatten Stiel eines jeden Blütensprosses sitzen ein oder zwei herzförmige Blätter, ebenfalls wie ausgeschnitten glattrandig, am Grunde tummeln sich davon einige auch lang gestielt. Immer Wohltaten für den/die BetrachterIn. Die glänzenden Köpfchen sind übrigens nur Attrappen, sie täuschen den tierischen Partnern weit mehr Nektar vor, als tatsächlich in der Blütenmitte vorhanden ist. Die Anordnung der Kronblätter bündelt das Sonnenlicht und kann die Temperatur innerhalb der Blüte um bis zu 3 Grad Celsius erhöhen. Fliegen nutzen dies an kalten Tagen, um sich darin aufzuwärmen.

Eine begabte Tänzerin – die Herbst-Drehwurz (*Spiranthes spiralis*). Sie ist eine ungewöhnliche Orchidee, ungemein anmutig und reizvoll. Die Drehwurz wird 5 bis (selten) über 25 Zentimeter lang, ist fast spaghettidünn und blüht weiß. Die vielen Blüten sind winzig, nur wenige Millimeter lang und leiterartig übereinander angeordnet an lianenartig verdrehten, filigranen Stängeln. Da fallen einem die rumänischen oder russischen Olympiasiegerinnen im Bodenturnen ein oder kleine, biegsame Tänzerinnen am Bolschoi-Theater oder in Peking.

Der Wachstumszyklus dieser Art weicht sehr von anderen heimischen Orchideen ab: Zwischen Juli und August beginnt der Blütentrieb zu wachsen. Ab Mitte August beginnt sie dann zu blühen. Die Blüten locken mit einem Vanilleduft Hummeln an, damit sich diese von ihrem Nektar ernähren, wobei sie die Blütenstände mit ihrem Rüssel von oben nach unten absuchen. Ganz schön divenhaft: Ältere Blüten können nur mit den Pollen jüngerer Blüten bestäubt werden.

In Wahrheit im Rampenlicht – das Übersehene Knabenkraut (*Dactylorhiza praetermissa*). Diese fast schrille Orchidee kann bis zu 80 Zentimeter hoch werden und mit einem bis 20 Zentimeter langen, schon von weitem hell- bis dunkelviolett leuchtenden Blütenstand brillieren. Dazu gibt es vielfach gefleckte Blätter. Auffälliger geht's kaum noch. Da haben Botaniker sich offensichtlich bei der Namensbezeichnung vertan. So sensationell ihr Auftritt mit bis zu achtzig Einzelblüten ist, so ehrlich tändelt sie mit ihren Interessenten herum. Die Hummeln und Bienen, die sich auf sie einlassen, behandelt sie ehrlich, hier wird nicht getäuscht, gelogen und betrogen. In der Regel halten wir Pflanzen für äußerst friedvoll und genügsam, aber das stimmt eben nur bedingt. Manche Pflanzen haben im Laufe der Evolution gelernt, vor nichts zurückzuschrecken, um das zu bekommen, was für sie unbedingt wichtig ist. So haben sich manche Arten sogar eine fleischfressende Lebensweise angeeignet, mit ausgeklügelten Tricks, um an ihre Fleischration zu gelangen. Die Venusfliegenfalle (*Dionaea muscipula*), ein Sonnentaugewächs, hat beispielsweise ihre Blätter in tödliche Fallen verwandelt, die sie bei entsprechender Beute zuklappen kann – eine Flucht ist dann nicht mehr möglich. Das gefangene Tier wird genüsslich verdaut.

Spielt mit dem Feuer – das Brand-Knabenkraut (*Orchis ustulata*).

Wer es sieht, kann ihm verfallen, dem bis zu 35 Zentimeter hohen Brand-Knabenkraut. Es ist wieder einmal eine Orchidee – Orchideen sind eben divenlastig. Die zierliche, etwas kokett auftretende Pflanze gibt mit einer ganzen Menge kleiner, weißlich rosafarbener Blüten an, die süßlich nach Honig duften und von Mai bis August von Raupenfliegen, Bockkäfern und diversen Hummelarten umschwärmt werden. Die Lippe ist mit violetten, unterschiedlich großen Tupfern versehen und mittig – wenig divenhaft – poartig eingeschnitten. Das ganze Farbenspektakel wird durch die rostrote bis brandbraune Spitze des Blütenstandes getoppt – einfach ganz einmalig diese Knospen, daher auch der Name. Vermehren kann sich die krautige Art nur durch winzige Samen, die zu Tausenden produziert werden. Aus Mangel an Reservestoffen (die Samen besitzen kein Nährgewebe) haben sie jedoch nur eine geringe Überlebenschance. Fallen sie zu Boden, müssen sie sich einen Partner suchen, mit dem sie eine Symbiose eingehen können. Das Brand-Knabenkraut wird von einem speziellen Wurzelpilz (*Mykorrhiza*) betüddelt. Zusammen können sie dann zu einer neuen Orchidee heranwachsen.

Etwas launenhaft – die Sumpf-Fetthenne (*Sedum villosum*). Ganz selten kommt es vor, dass mir jemand am Telefon sagt: «Fahr da doch mal hin!» In diesem Fall wollte mich der Anrufer ins Mittelhessische locken, die A 7 nach Süden, dann rauf auf die A 5 Richtung Frankfurt, Alsfeld-West runter, 200 Meter geradeaus, dann 500 Meter nach rechts den Berg herunter und den übernächsten Weg wieder nach rechts und 150 Meter den Hang rauf. «Da biste dann! Bei der Moor-Fetthenne! Der gebührt Bewunderung.» Thomas war der Anrufer, er kennt in dieser Gegend jeden Stein. Da sie in Niedersachsen seit langem ausgestorben, sonst in Deutschland vom Aussterben bedroht ist, hier aber noch hundert Pflanzen gefeiert werden konnten, fuhr ich sofort los. 2016 war's! Und voll ins Schwarze getroffen! Gänsehaut und feuchte Hände. Von wegen «nur» hundert Pflanzen, 390 zählte ich, 2017 kamen gar 570 zusammen, 2018 über 600 – in voller Sonne vorgetragen. Diese leicht launische Diva (sie will nicht jedes Jahr blühen) kommt nur auf 5 bis 10, selten bis 20 Zentimeter Höhe, schnell droht ein Aus durch Gräser und Kräuter. Im Mai und Juni blüht sie fünfsternig rosa, einfach eine Wonne. Die gesamte Pflanze ist weich behaart und drüsig, ganz divenhaft selten bei diesen Fetthennen. Bestäubung und Samenverbreitung erfolgen dagegen ganz profan durch Insekten.

Floraler Möchtegern – der Felsen-Gelbstern (*Gagea saxatilis*).

Keine 10 Zentimeter hoch ist dieser Gernegroß und Möchtegern, und wie die Sumpf-Fetthenne macht er sich in manchen Jahren rar und blüht einfach gar nicht, ist sozusagen blühfaul. Aber wenn er sich dazu aufrafft – und das tut er, weil er selbstverständlich auch ein wenig geltungssüchtig ist –, dann brilliert er mit toll goldgelben Blüten, vereinigt zu zweit, zu dritt in fast zottig behaarten Blütenständen. Und das schon im Februar, nur um zu zeigen, dass er, der Felsen-Gelbstern, der erste Blüher weit und breit ist. Wohl wahr, man kann ihm nicht vorwerfen, dass er überempfindlich ist, von der Kälte lässt er sich nicht ins Bockshorn jagen. Wenn oben an den Hangkanten der Felsen-Gelbstern brilliert, liegt unten am Fuß noch der dicke Schnee. Wer so klein ist und dennoch zur Avantgarde gehören will, der kann das besonders gut, wenn es noch nicht allzu viel Konkurrenz längs der Felsgrate gibt.

Grenzenlose Attraktion – das Rote Waldvögelein (*Cephalanthera rubra*).

Vogelkonzerten ab den ersten milden Januartagen bin ich nie abgeneigt, ganz im Gegenteil. Aber eine wahre Symphonie ist für mich eine Kolonne von Roten Waldvögelein. Dazu muss ich (oder müssen Sie) aber noch bis Ende Mai warten, wenn diese glorreiche, 30 bis 60 Zentimeter hohe und auffallend schlanke Orchidee sich von ihrer allerbesten Seite präsentiert, mit Geltungsdrang, aber auch mit Anmut, Würde und Starrsinn. Dann leuchten die bis zu 2 Zentimeter langen rosenroten und wie an kleinen Stäben befestigten Blüten im lichten Laubwald von Buchen, Eichen, Hainbuchen und auch mal unter Eschen. Am besten noch, wenn ab und zu Weidetiere durchs eher trockene, kalkreiche, mäßig nährstoffversorgte, auch mal steinige Gelände streifen. Das ist ihr Ding, in lückiger Vegetation ihre niedlichen Fähnchen zeigen. Die meist fünf bis sechs lanzettlichen Blätter sind graugrün und stehen straff zweizeilig abwechselnd zu den Seiten ab. Fruchtknoten und Stängel sind behaart. Das Orchester vom Roten Waldvögelein ist natürlich imposanter, je mehr da mitspielen dürfen. 1985 sah ich mal fünf Relikte im Westerwald, 2017 und 2018 dann im Mainzer Sand jeweils über 1000 Stück, alle in prächtigster Blüte – so etwas vergisst man dann auch nie mehr. Und das Tollste: Hier düsten früher noch die Panzer der Amerikaner durchs Unterholz, direkt an diesen Furten zeigt sich diese dann doch gar nicht so zimperliche Kreation.

Streifen mitten im Gesicht – das Zweiblütige Veilchen (*Viola biflora*). Unglaublich entzückend und dekorativ ist dieses zarte Geschöpf höherer Gebirge, das bis 15 Zentimeter hohe Zweiblütige Veilchen. Es hat ein zweifarbiges Veilchengesicht in Gelb mit dekorativ braunen Streifen. Auffal-

Typ Diva

lend schmale, mimosenhaft zarte Blüten von knapp 2 Zentimetern Höhe arrangieren sich zu zweit an den Stängelspitzen. Dekorativ nierenförmige Grund- und Stängelblätter werden bis 6 Zentimeter breit und bis 5 Zentimeter lang. Sie reihen sich am Stängel hoch, nach oben sind sie zunehmend zugespitzt. Die Blüten erscheinen je nach Höhenlagen von Mai bis August an quellfeuchten, ziemlich schattigen, aber nährstoff- und kalkreichen Stellen. Trotz solch kryptischer Hanglagen wird das Veilchen von Insekten bestäubt, von Ameisen verbreitet, so kraxelt es in den Alpen auf sagenhafte 2600 Meter Höhe. Man nennt diese Veilchen auch Mottenkugeln der Alpenböden, denn bestimmte in der Pflanze enthaltene Proteine vertreiben Ungeziefer.

Bewusst lasziv – das Kegel-Leimkraut (*Silene conica*). Manche Diva benötigt eine dramatische Aufmachung, um als eine solche aufzufallen, doch es geht auch moderner. Man kann den Star-Auftritt auch beherrschen, ohne dass man mit viel Getue, Gedöns und Brimborium daherkommt, auch dann kann man glamourös wirken. Das Kegel-Leimkraut macht es vor mit einer Aufmachung von nur 10 bis 40 Zentimeter Höhe, und auch die Blüten sind eher niedlich als bombastisch, rosafarben bis rosenrot. Sie bleiben mit nur 1 Zentimeter Breite limitiert und randlich oft aufgerollt etwas hinter den Erwartungen zurück. Das wird aber komplett kompensiert durch die darauffolgende Fruchtphase. Dann blähen sich die zunächst engen Kelche aufgrund innen verdickter Samenkapseln bauchig bis hübsch kegelförmig auf. Zunächst bei der ersten Blüte, die

68

von allen anderen irgendwann ästig-gabelig überwachsen wird. Die Blüten sind wie das gesamte Kraut drüsig behaart (Leimkraut!) und mattgrün mit dreißig weißen Rillen. Das sieht so zart aus wie Audrey Hepburn, Prinzessin Diana oder Lena Meyer-Landrut. Diese aufgeblasenen Kelche und die Stängel sind an ihren Wuchsorten (offene Sandflächen) häufig von zahlreichen Schnirkelschnecken bevölkert. Die Samen werden dann aus den Ballons durch den Wind ausgestreut oder wenn Schafe dagegenkommen. Wie auch immer – das Kegel-Leimkraut ist stets Versprechen und Versuchung in einem.

Anspruchsvoll geht immer – das Gefleckte Ferkelkraut (*Hypochoeris maculata*).

Man muss diesem Kraut huldigen, so aufrecht wie dieser rechte Dickkopf sich in der Flora behauptet. Von Juni bis August werden je Spross höchstens vier zitronengelbe Blütenköpfe hervorgebracht, die aber immerhin 6 Zentimeter breit sein können. Und das an Deutschlands heißesten Stellen, auf Fels- und Gipsgestein, wo sie fast einsam der (ostdeutschen) Sonne trotzen. An den Oberkanten von Hängen kann es immerhin bis zu 60 Grad Celsius heiß werden. Sozusagen die elitäre Katze auf dem heißen Botanik-Blechdach! So inszeniert habe ich das Ferkelkraut am Kyffhäuser im Norden von Thüringen entdeckt, einem Hot Spot der pflanzlichen Glückseligkeit. Der bis 1 Meter hohe Korbblütler fällt in erster Linie durch kaum beblätterte, steif behaarte, rutenartig aufrechte, direkt unter den Blüten verdickte Stängel auf. Da muss aber – statusuntypisch – antizipierend jeglicher Luxus reduziert werden. Ganz ohne viel Federlesens

69

legt er derbe, starkbehaarte Rosettenblätter um sich auf den Boden, bis zu vierzig je Individuum. Sie sind von ausdunkelnd-erstickender Eigenschaft, sehr dekorativ zwar, aber viel wichtiger für sie: verdunstungshemmend. Ein mehrere Millimeter breiter, weinroter Mittelstrich ziert jeweils die Grundblätter. Ferner sind braunrote Sprenkler bis größere Blattflecken ein weiteres klassisches Kennzeichen vom Gefleckten Ferkelkraut (Name!). Auch die Blütenhülle ist stark behaart, zusätzlich noch mit Drüsen besetzt. Wird es ihm zu heiß, verkrümelt sich dieser Heißsporn in lichte Eichen- und Kiefernwälder. So gewappnet hangelt er sich mit ausgewiesener Pfahlwurzel nach Osten sogar bis nach China und in die Mongolei. Eine Art immer in Star-Pose!

Gepflegter Status – die Moor-Ährenlilie (*Narthecium ossifragum*). Diese Pflanze steht auch gern im Rampenlicht oder auf dem Podest. Anfang Juli brechen die tollen Zeiten der Ährenlilie an, wenn das bis 35 Zentimeter hohe Liliengewächs seine besten Seiten zeigt. Ihre ausdrucksstarken Blütenstände sind ährenartig zusammengesetzt, eine Einzelblüte besteht aus sechs sternförmig angeordneten, goldgelben Blütenblättern, worauf die orangefarbenen, wolligbärtigen Staubgefäße ruhen. Die Fruchtstände mit ihren Kapseln glühen ebenfalls bis weit in den Herbst hinein in rötlicher Farbe. Etwas gebogene, lanzettliche Blätter liegen in allen Richtungen auf dem quelligen Sumpfboden und verrotten wie die alten Fruchtstände nur sehr langsam. Sie ist damit eine der seltene-

Typ Diva

ren Diven, die nicht alle «Fotos» von sich gleich vernichtet, nur weil man auf ihnen nicht mehr so strahlend schön aussieht. Mit diesen aparten Fruchtständen dreht sie sich sozusagen noch mal um und zeigt dann jedem Betrachter noch mal ihr unschuldiges Lächeln.

Doch ein wenig herablassend – der Weiße Krokus (*Crocus albiflorus*). Dieses bis 14 Zentimeter hohe und von März bis Juni blühende Schwertliliengewächs kommt bei uns in Deutschland zu 99,9 Prozent nur in Bayern (Alpen und Voralpen) vor, also eine wahrhaft herablassende Art. Hier oft nur oberhalb der Waldgrenze, ist sie Teil einiger unserer Krokus-Hybride und taucht heute somit oft verwildernd noch an der dänischen Grenze auf. Von Natur aus handelt es sich um einen grazilen Krokus mit überwiegend weißen, selten violett überhauchten, bis 3 Zentimeter langen Blütenblättern, die zu sechst vasenartig zusammenstehen. Wild wachsend sind Krokusse viel schöner als gekauft oder gar geklaut, wenn man zusammen mit den Arten gleich die ganze alpine Szenerie, die herrliche Umgebung gratis mit aufsaugen kann. Und trickreich ist dieser Weiße Krokus auch noch: Bei Hitze und Kälte rollt er seine Blattränder um und schafft sich so eine gewisse Binnenfeuchte. Eine optimale Blattfestigkeit wird unterseitig noch durch eine Art erhabene Skispur erreicht, das gilt jedoch für alle diese kleinen, frostharten Racker mit Zwiebeln. Nach der Bestäubung durch Insekten werden dreifächerige Kapselfrüchte gebildet, die viele sehr leichte, vom Winde verwehbare Samen enthalten. *Vom Winde verweht* – ah, da war doch mal was. Der Kultfilm aus dem Jahr 1939, mit Vivien Leigh in einer der Hauptrollen – also auch eine Diva!

Typ Drängler

Es gibt Menschen, die von einer unheimlichen inneren Kraft zu bestimmten Handlungen getrieben werden. Sie können nicht anders, sie müssen sich die Welt aneignen, nach einem bestimmten Ritual, einem bestimmten Muster. Und wenn sie sich dann diese oder jene Verhaltensweise zu eigen gemacht haben, haben sie Schwierigkeiten, sie wieder loszuwerden. Sie wissen selbst sehr genau, dass ihr Vorgehen Schutz- und Trotzreaktion ist, aber man hat es inzwischen so verinnerlicht, dass es kaum möglich ist, davon Abstand zu nehmen. In einem drin herrscht eine innere Spannung, die kaum dazu führt, dass man Ruhe findet. Immer muss es weitergehen, nach vorne, kompromisslos, fieberhaft, drängelnd, fast schon suchtartig. Dabei verlangen Menschen dieses Typs auch große Genauigkeit von sich ab, wirken manchmal schon pingelig. Und überdecken damit, dass es ihnen doch ein wenig an Phantasie und Kreativität fehlt. Und so preschen sie weiter voran, stets energisch und energiereich, um sich nicht in die Karten gucken zu lassen.

Wer immer auf Angriff und Attacke gepolt ist, muss sich nicht den eigenen Gefühlen stellen. Sie sind geizig, was Emotionen betrifft, halten diese möglichst zurück. Ein perfekter Tag im Leben eines Menschen, der nach außen hin wie ein Draufgänger erscheinen, aber in seinem Innern viel zurückhalten möchte, ist ein rastloser Ablauf ohne große Störungen durch andere. Für manche mag das eher langweilig klingen, denn wenn nicht auch irgendwann einmal etwas Verrücktes passiert, ganz außer der Reihe, über das man lachen, weinen, verzweifeln oder sich freuen kann, dann wird das als recht öde empfunden. Sicher, Strukturen zu haben ist ungeheuer wichtig, manche Dinge müssen planbar sein, aber man kann nicht dauerhaft widderartig mit dem Kopf durch die Wand wollen, das wäre verdammt anstrengend. Und letztlich auch nicht besonders sozial, weil die Vorstellungen der anderen nicht berücksichtigt werden.

Doch ein gewisses Drängel-Quantum hat, so die Erkenntnis von Psychologen, einen evolutionären Vorteil. Menschen, die sich als Haudrauf erweisen, werden belohnt, gerade bei Frauen kommt ein solch latent asoziales Verhalten an. Männer mit einer guten Portion Selbstverliebtheit, Gefühllosigkeit und dem Bestreben, andere zu manipulieren, was man auch als Herrschsucht beschreiben kann, haben wesentlich mehr Partner oder Partnerinnen als einfach nur nette Exemplare. James Bond, wenn auch nur eine fiktive Figur, gehört zu den Kandidaten, die stets neue Frauen erobern – und damit haben sie einen Fortpflanzungsvorteil. Wie formulierten es die Forscher: «Die wilden Jungs bekommen die besten Mädels.» Man kann also auch mit negativen Charaktereigenschaften Erfolg haben, wenn sie nicht überhandnehmen. Wird das draufgängerische Verhalten zu extrem, zeigt sich der Egoismus zu ausgeprägt und dominant, dann kann das auch ganz schnell zur Nichtbeachtung, sogar zum Ausschluss aus der Gemeinschaft führen. Übrigens gilt hier nicht das Umkehrprinzip: Frauen, die solcherlei Eigenschaften vorweisen, profitieren nicht von diesen miesen Zügen. Man kennt einzig und allein den berühmt-berüchtigten Frauenheld, die Männerheldin hat gegen ihn keine Chance – die Amazone konnte sich meist nicht durchsetzen.

Vielleicht haben die Draufgänger-Typen sich ihr Verhalten auch ein wenig von den Pflanzen abgeschaut, von den Tieren allemal. Dabei hatte man noch vor wenigen Jahrzehnten verächtlich den Kopf geschüttelt, wenn Verhaltensforscher auf individuelle Unterschiede bei den Charakteren von Tieren hinwiesen. Man sah sie nur als Automaten an, die auf einen bestimmten Reiz reagierten, entsprechend musste sich die britische Schimpansenforscherin Jane Goodall in den sechziger Jahren großer Kritik aussetzen, als sie bei ihren Beobachtungen in Tansania den einzelnen Affen Namen gab und sie nicht, wie vorher üblich, durchnummerierte. Ebenso hatte sie immer wieder hervorgehoben, dass jeder von ihr beobachtete Schimpanse ganz besondere Eigenheiten hätte. Man warf ihr vor, sie würde die Tiere vermenschlichen.

Ähnlich vertraten Wissenschaftler die Meinung, es sei absurd, wenn man Pflanzen die Fähigkeit zuschriebe, ihre eigene Entwicklung bewusst steuern zu können. Mochte es noch angehen, dass die Natur selektierte und anpasste, aber es wurde als schier unmöglich angesehen, dass Pflanzen Sinne hätten, sie fühlen, sehen, riechen, schmecken und hören könnten. Erst seit kurzem ist bekannt, dass sie dazu in der Lage sind, mit ihren Sinnen wahrzunehmen, um so nach dem für sie besten Standort Ausschau zu halten, um sich leidige Plagegeister und Schädlinge vom Stängel zu halten. Zudem entdeckte man, dass Pflanzen mit einer DNA ausgestattet sind, mit Genen, die sich auch im Menschen wiederfinden. Aus diesem Grund ist es nicht anthropomorphisierend, zwischen den «pflanzenspezifischen Genen», wie es Daniel Chamovitz formuliert, und den humanen Genen Vergleiche zu ziehen – und bestimmte gemeinsame Eigenschaften hervorzuheben.

Also: Wer als Pflanze erobern, einkreisen, einnehmen und sich mannhaft schlagen möchte, muss seinen Gegner, sein Gegenüber genau studieren, um ihn oder es überwältigen zu können. Manche von ihnen haben sich dazu entschieden, zu drängeln, sich vorzudrängeln, um ihre Vermehrung (sexuelle Fortpflanzung) zu sichern. Ein Wachstums-Faulenzer kann in ihrer Gegenwart nur das Weite suchen, einen anderen Standort (durch Samenverbreitung zum Beispiel), oder sich Waffen aneignen, die ihm trotz geringerer Wuchshöhe einen Überlebensvorteil bieten (wenn man sich denn nicht dem Nichtstun verschrieben hat, was eigentlich keine Pflanze weltweit wirklich macht):

Knalltüte und Pisspott zugleich – die Zaun-Winde (Calystegia sepium). Von einer Sumpfpflanze zu einer Gartenpflanze, so kann man den Weg, den die bis zu 6 Meter lange Zaun-Winde in den letzten Jahrzehnten genommen hat, kurz zusammenfassen. Als hätte der Garten- und Häuslebesitzer nicht schon genug Scherereien mit Acker-Schachtelhalm, Acker-Winde, Giersch, Goldrute, Gundermann und Konsorten – nein, nun auch noch dieser Störenfried Zaun-Winde! So eine Art Michael-Wendler- beziehungsweise «Die-Geissens»-Typ, ein Linkswinder noch dazu, einfach nur zum Augenrollen. Die Schlingpflanze besitzt mit bis zu 7 Zentimeter breiten Einzelblüten die größten der einheimischen Flora, ein plantares Megaphon sozusagen. Wie diese Art im Sommer und Frühherbst frech über Hecken und Gebüsche wabert, sich entfesselt, an Zäunen hochhangelt und selbst den Mais bedrängt – das ist schon sehr expansiv und energisch! Ein Autist in Grün und Weiß, gerade auch hier bei mir in Bremen. Was ja auch passt wie die Faust aufs Auge: bei «Grün-Weiß Werder Bremen». Und selbst noch im Winter, dann müssen nämlich die Zäune mühsam von diesem nun vertrockneten Heißsporn befreit werden. Und man weiß: Im Boden untergräbt und wuchert er weiter, wirft konspirativ seine fast makkaronidicken, nur eben schneeweißen Rhizome aus, schiebt sich weiter in wahren Bündeln, besonders längs von Hauswänden und Kantensteinen. Kein Elektriker könnte das besser, man sieht das nur nicht, erst ab Juni. Dann zappeln wieder die ersten Sprosse über dem gewollten Grün, richtig arrogant und pflanzlich-niederträchtig. Die Zaun-Winde kann tatsächlich die ganze Vegetation radikal runterziehen. Man kommt dann kaum noch durch. Die Blüten riechen nach gar nichts, tun ganz unschuldig. Da haben wir von der ähnlichen, aber kleineren Acker-Winde viel mehr, hier bekommt die Nase wenigstens noch was ab von dann versöhnlichem Sahnekuchen- und Schokoladenduft.

Wenn es am Tag schon dunkel wird – der Gewöhnliche Schwimmfarn (*Salvinia natans*). Der Gewöhnliche Schwimmfarn hat es tatsächlich geschafft, sich aus den westasiatischen Steppenseen auf unsere nur langsam fließenden Flüsse «einzuschießen». Zuerst zaghaft, nun aber auf Elbe, Havel, Rhein und vor allem an und auf der Oder so ziemlich rasant. Das hat er nicht einfach so geschafft, es wird gemunkelt, diese bis zu 10 Zentimeter lange Pflanze habe den Umweg über deutsche oder polnische Aquarien genommen. Ich sah die Pflanze zuerst auf der Wörpe bei Bremen, 1997 war das gewesen. Diese Wörpe ist nun weder ein großer Strom, noch war das Vorkommen von Dauer – also war ich nur zur rechten Zeit am rechten Ufer, als sich so ein Fisch-Fan weiter flussaufwärts seiner Gewächse entledigte! Aber im Sommer 2017 längs der unteren Oder sah ich ihn wieder, nun aber zu Millionen, zu Milliarden, ja hektarweise. Fix ging es hier zu, so wie bei Feuerwanzen, Kaninchen, Läusen, Mäusen oder YouTubern. Dicht an dicht wie kleine Schildkröten an

77

der Wasseroberfläche lagen sie da, einfach eine Wucht. Der Farn besteht aus drei Blättern, zwei eiförmigen, gegenständigen an der Oberfläche und einem zu fadenartigen Scheinwurzeln umgewandelten unter Wasser. Diese sind dann fischgrätartig ineinander verkettet, sodass so ein «vertäutes Sammelblatt» nie untergehen kann. Wasser perlt sofort ab von der graugrünen, eigenartig gekörnten Blattoberfläche. Auch lässt sich der Schwimmfarn nicht umdrehen, sofort liegt er wieder auf der richtigen Seite – schwups, einfach nur genial. Kein Mensch wäre auf so etwas von allein gekommen, ein Meisterwerk der Nautik und der Statik. Ich konnte mich nicht sattsehen an diesen Schwimmdecken, 2016 nahm ich sogar so zehn Exemplare mit, um sie im heimischen Wasserkübel anzusiedeln – jedoch vergebens. Ganz schwach diese Art, Väterchen Frost! Einheimische sehen das ganz anders, sie sind regelrecht genervt von diesem Tausendsassa. In Polen ist Angeln noch Volkssport, und auch auf deutscher Oderseite sah ich so viele Angler wie sonst an keinem anderen deutschen Fluss. Die sehen da die Fische nicht mehr, die Fische sehen das Licht nicht mehr, andere Wasserpflanzen sehen auch nichts mehr, vor allem die submersen, das heißt die auch unter Wasser leben. Ich halte das alles für stark übertrieben. Denn die einheimischen Schwerenöter in dieser Hinsicht, Bucklige Wasserlinse, Kleine Wasserlinse und Vielwurzelige Teichlinse, gebärden sich doch ganz genauso.

Ein Teufelskerl – die Armenische Brombeere (*Rubus armeniacus*). Man muss gar kein Pflanzenexperte sein, um auf diesen Wucher(er) aufmerksam zu werden. Gerade im Winter, in und an Ortschaften, an den Rändern von Bahnlinien, Straßen, Wegen, Hecken- und Waldrändern, auf Bahnhöfen, in Sandgruben und an Steinbrüchen, überall lauert dieser Stalker mit seinen winter- und dunkelgrünen, typisch fünfteiligen Blättern. Nirgends lässt sich dieser Protestler mehr die Butter vom Brot nehmen. Die Blätter sind unterseits weiß, von

Juni bis August bringt die Brombeere weiße bis blassrosafarbene Blüten hervor, sie sind bis 4 Zentimeter breit, und die Früchte dann im Hochsommer sind die größten und saftigsten überhaupt. Sie ist bei uns aus den Kleingärten ab ungefähr 1955 ausgebüxt, mit ungeahntem, mit gnadenlosem Erfolg. Durch Vögel, futternde Menschen und vor allem durch sich selbst. Mit bis zu 6 Meter, ja, was sage ich, auch mal bis zu 10 Meter langen Schösslingen erschließt sich die Armenische Brombeere unaufhaltsam ihre Umgebung. Nichts hält diese Art auf, drum ist sie so bekannt wie gefürchtet. Die muss man ausgraben, was ich

auch schon gemacht habe. Und so kommt das Rot meines Bluts mit ins Spiel, es ist die bestimmt mieseste Aufgabe, die man einem Gärtner stellen kann, zumal im Sommer: Brombeer-Rodung! Das muss nämlich, dann oft kurzhosig, mit dem Spaten geschehen, damit es klappt. Aber auch beim Sammeln, beim Durchstreifen von Bahn- und Industriegelände, beim Durchstöbern artenreicher Sandgruben und Steinbrüche habe ich mich heftig blutig gekratzt. Oft merkt man das erst hinterher: Die kräftigen roten Stacheln an glatten, ebenfalls grün-rötlichen bis violetten, leicht kantigen Sprossen kennen kein Pardon. Einer der unnachgiebigsten Neubürger überhaupt, ein echter Platzhirsch, rasant, unübersehbar ungezogen, eine Walze schlechthin, aber dann doch auch sehr gut für Tiere als Brut- und Versteckareal, eine beerige Tankstelle im Hochsommer. Schlechthin eine Naturerscheinung, die ständig unsere Grenzen aufzeigt.

Typ Drängler

Immer im Mittelpunkt – die Rapunzel-Glockenblume (*Campanula rapunculus*). An Straßen und Wegen, Grabenkanten und Gehölzsäumen, im Bergland auch auf mageren Weiden kommt dieses fleißige Blühlieschen zur Geltung. Frei nach dem Märchen der Gebrüder Grimm fallen die bis 2 Zentimeter langen, immer auffallend trichterartigen, nur zu einem Drittel eingeschnittenen Blüten von Juni bis Anfang September auf: kaskadenartig angesetzt an der gesamten Pflanze. Mäht man diese zweijährige Glockenblume ab, legt sie nicht selten noch bis in den Oktober hinein nach mit weiteren Blüten. Blätter und Stängel sind ziemlich behaart, die Blätter schmal – alles wichtig in praller Sonne und auf eher trockenen und warmen Standorten. Rapunzel, lass dein Haar herunter – Rapunzel-Glockenblume, lass deine Blüten herunter: Selbst vom fahrenden Auto aus ist dieses aufgetakelte Blauglöckchen mit emsiger Fortpflanzung sicher bestimmbar.

Tarzan und Jane – das Wald-Geißblatt (*Lonicera periclymenum*). Wohl kaum eine andere Pflanze kann in puncto Blütenduft der allgemein verbreiteten, sich bis 4 Meter hoch und weit vorwagenden Liane Wald-Geißblatt das Wasser reichen. In lichten Birken-, Buchen-, Hainbuchen- und besonders Eichenwäldern, gestörten Sandheiden sowie bodensauren Gebüschen kommt sie vor. Die sonst wenig spektakuläre Angelegenheit macht zur Blütezeit von Juni bis Mitte September ordentlich was her. Dann zeigen sich 4 Zentimeter lange Blüten mit einem Mix aus Weiß, Gelb und Rötlichbraun, die, quirl-

artig zu sechst angeordnet, vor allem bei voller
Sonne so herrlich süß und intensiv duften.
Davon lassen sich nicht nur ein paar
Menschen, die das kennen, locken, sondern auch allerlei Hummeln, Bienen,
Schmetterlinge und Schwebfliegen.
Manche schwärmen auch zu den wie
lackiert aussehenden hell- bis dunkelroten Früchten. Der sich schlingende,
windende, giftige Strauch plädiert für
nährstoffarme, nie völlig beschattete Böden sommerheißer Lagen. Und fast brutal
engt dieser Pflanzen-Autist dann am Ende andere Gehölze ein, etwa weichholzige Ebereschen.
Dann fertigt man daraus verdreht-gezwirbelte Spazierstöcke an, die
ewig halten. Sogar ich habe mir jetzt so einen besorgt!

**Ein wüster Teppichvertreter – das Kleine Immergrün (*Vinca mi-
nor*).** Völlig durchgeknallt scheint in den letzten Jahrzehnten das
Kleine Immergrün zu sein, vor allem in Ortsnähe explodiert diese
ausgeprägte Teppichpflanze von nur 15 bis 20 Zentimeter Höhe. Oft
eine Art aus den Gärten, die ab in die freie Natur will. Dieser Wu-
cher ganzer Waldbereiche blüht von März bis
Anfang Juni in einem Meer himmelblauer
Blüten, mitunter sieht man schon Ende
Januar die ersten blauen Sternchen
von 3 Zentimeter Größe. Diese sind
am Schlund hübsch bärtig behaart,
man kann dieser Art dann gar nicht
böse sein. Lederige, eiförmige Blätter
dieses Zwergstrauchs überdauern, wie

der Name schon sagt, den Winter und werden erst im Frühling ausgetauscht. Das hat zunächst zu seiner Beliebtheit und danach zum Verdruss geführt. Das Immergrün hat einen unbändigen Willen, alles zu überwachsen. Zudem ist die Pflanze stark giftig, ein Hundsgiftgewächs, was aber Bienen, Hummeln und Schmetterlinge nicht anficht. Als häufig gepflanztes Ziergewächs vor Kindergärten, Krankenhäusern und Schulen sollte man über diese Gefahr wissen, gegebenenfalls aufklären und das Immergrün nicht einfach bloß rausreißen. Dazu ist es bei diesem so unternehmungsfreudigen Bodendecker eh viel zu spät. Bis zu 2 Meter schaffen die an den Knoten bewurzelungsfähigen Sprosse pro Jahr. Noch bekannter unter diesen Hundsgiftgewächsen ist der Oleander, dem man aber wohl nie nachsagen wird, einmal in unsere Wälder getürmt und gestürmt zu sein.

Verdammt in alle Ewigkeit – die Kriechende Quecke (*Elymus repens*). Frei nach dem gleichnamigen Film von 1953, meinem Lieblingsfilm übrigens (von Fred Zinnemann, in den Hauptrollen Deborah Kerr, Donna Reed, Montgomery Clift, Burt Lancaster und Frank Sinatra), verhält es sich landauf und landab mit diesem ausgeprägten Kriechmaxe, der Kriechenden Quecke. Vor allem auf nährstoffreichen Lehmböden dreht sie oft so richtig auf und arbeitet undercover. Viele können ein Lied von den dicken, weißen, nicht enden wollenden Rhizomen singen. Manchmal hat man mit regelrechten Geflechten zu fechten. Auch alle anderen

82

Queckenarten sind Schwerstarbeiter, immer gut drauf und untergraben ihre Wuchsorte nach allen Regeln der Kunst – unduldsam nennen wir das. Die Kriechende Quecke steht wie Giersch & Co. sinnbildlich für Kapitulation, Schweiß und Wut. Man bekommt sie einfach nicht weg. Dabei können die Halme ansehnlich bis 150 Zentimeter hoch werden, aber längst nicht überall blüht von Juni bis August jenes Wuchswunder mit bis zu 12 Zentimeter langen, zusammengedrückten Ähren. Dann sieht man nur bläulich grüne, blattraue Teppiche fast ohne Beteiligung weiterer Gewächse. So konspirativ tätig dringt dieses Gras immer weiter vor und wurzelt und wurzelt dabei auch noch bis 80 Zentimeter tief. Ein ausgewiesener Wurzelkriechpionier, er verschleißt uns, verschließt und hält aber auch den Boden fest, er ist ein Bodenflicker, ein Lückenbüßer, ein Teppichknüpfer, ein Uferbesetzer – was dann aber auch alles wieder durchaus wichtige Funktionen da draußen sind.

Ein filigraner Malocher – das Schmalblättrige Wollgras (*Eriophorum angustifolium*). Etwas Märchenhaftes, etwas von Feen, Brodelndem, Verklärendem haben ausgedehnte Meere vom Schmalblättrigen Wollgras an sich. Vorher an rundlichen bis stumpf dreikantigen Stängeln grünlich in ovalen Köpfchen blühend, kann man sich gar nicht vorstellen, welche Virtuosität die bis zu sechst in Trauben hängenden Ährchen dann entfalten. Dann sieht es aus wie Hasenschwänzchen am Stück, wie Sternschnuppen überm Hochmoor. Dabei geht das bis 80 Zentimeter hohe Sauergras überaus rustikal zu Werke, ist gewaltig, unverdrossen, strebsam und von geradezu klonalem Wachstum. Am liebsten im bis 50 Zentimeter tiefen, nährstoff- und kalkarmen Wasser von Hoch- und Flachmooren, von Gräben,

Nasswiesen, Sümpfen, Torfstichen, nassen Birken- sowie Kiefernwäldern zelebriert sich diese Augenweide. Grasartige, rinnige, aufrechte bis gebogene, etwas schwachbrüstige Blätter von nur 3 bis 6 Millimeter Breite sind zunächst grün, später bläulich bis sogar rötlich. Aber Obacht, selbst in Kombination mit Torfmoosen ist es immer unbetretbar, diese Wollgrasriede halten niemanden überm Horizont. Ziemlich schnell eingeschnappt ist es bei Abtrocknung, Beschattung und Nährstoffzufuhr, egal ob von oben oder aus der Umgebung. Dann ist es vorbei mit Virtuosität, zunächst bleiben diese Blüten-Antennen weg. Eine große Pflanze fabriziert an die 130 000 Samen, die als Schirmchenflieger bis zu zehn Kilometer weit kommen. Summa summarum ist es unser mit Abstand häufigstes Wollgras und wurde früher zur Dochtproduktion und als Wundwatte genutzt.

Typ Drängler

Typ Fleißiges Lieschen

Perfektion ist das Ziel eines fleißigen Lieschens, und das auf allen Gebieten des Lebens. Es möchte kompetent in seinem Beruf erscheinen, selbstbewusst eine Beziehung händeln, und natürlich will es auch so auftreten, dass alle anderen denken, es hätte sich völlig im Griff. Doch all diese Dinge so umfassend zu beherrschen ist unmöglich, die eigene Unfähigkeit muss dabei einfach hier und da zutage treten. Was das fleißige Lieschen aber enorm ärgert. Es möchte allen Herausforderungen gewachsen sein, und deshalb strengt es sich nur noch mehr an. Voller Ehrgeiz zieht es sich in sein stilles Kämmerlein zurück, um zu lernen und noch besser zu werden, um sich noch mehr unter Kontrolle zu haben. Es möchte sich selbst und allen anderen zeigen: Wenn man sich nur ein wenig bemüht, dann ist alles zu schaffen, dann ist man nicht mehr angreifbar, dann wird man auch nicht versagen.

Vor dem Versagen ist die Angst am größten, partout will man nicht als unzulänglich gelten, etwas nicht können, keineswegs möchte man angreifbar sein. Um dies zu erreichen, muss weiter unermüdlich an sich gearbeitet werden, mit viel Ausdauer. Da bleibt nicht viel Zeit für Kinobesuche oder gar ganztägige Bummeleien durch den Wald, und lange Partynächte sind dem fleißigen Lieschen fremd. Alles bleibt in einem bestimmten Maß, zu sehr will man ja nicht auffallen. Und nach außen hin soll auch nicht publik werden, keiner soll merken, dass man sich nur unter großen Anstrengungen bestimmte Kompetenzen angeeignet hat. Was da als Können präsentiert wird, soll leicht und locker rüberkommen. Lieber stellt es sein Licht unter den Scheffel, als dass es auftrumpft. Das fleißige Lieschen ist eben zufrieden damit, dass es selbst weiß, was es alles kann, nicht jeder muss davon Kenntnis haben.

Äußerlich ist alles an dem fleißigen Lieschen unverwüstlich. Die Kleidung fällt nicht weiter auf, sie ist korrekt, ordentlich, Flecken findet man nicht auf ihr, aber auch nichts Ausgefallenes. Die Aufmachung ist schön, aber irgendwie auch praktisch, konform, in einer größeren Menge möchte man nie als bunter Vogel in Erscheinung treten. Sollte der Rock einmal zu hoch über die Knie rutschen oder ein Hemdknopf aufgehen, so wird das sofort korrigiert. Häufig fühlt man noch mit den Händen nach, ob auch alles in Ordnung ist, alles richtig sitzt, nicht irgendwo ein Fussel, wie klein auch immer, am Stoff zu finden ist. Mitmenschen fühlen sich in der Gegenwart eines fleißigen Lieschens nicht besonders wohl, sie haben immer das Gefühl, sie würden von ihrem Gegenüber etwas abschätzig betrachtet, leicht herablassend: «Wenn du dir mehr Mühe geben würdest, dann könntest du das auch.» –«Ohne Fleiß kein Preis.»

Das Aufrechterhalten der Fassade hinterlässt aber auch Spuren. Auf Dauer kann es erschöpfend sein, immer nur Leistung zu erbringen, ständig durchhalten zu müssen. Das kann großen inneren Druck erzeugen, in ein übermäßiges geschäftiges Handeln ausarten, in Aktionismus, bis hin zur Erkrankung, zur Selbstverleugnung.

Das fleißige Lieschen ist auch in der Pflanzenwelt ein Programm, nicht von ungefähr wurde sogar ein Gewächs mit diesem Namen versehen. Das Fleißige Lieschen blüht von Frühling bis in den Herbst hinein unermüdlich – dieser Blühfleiß ist unglaublich. Doch woher kommt er? Blüten dienen der Arterhaltung einer Pflanze. Sie beherbergen die Geschlechtsorgane. Die weiblichen Teile sind Narbe, Stempel und Fruchtknoten. Die männlichen Teile nennt man Staubbeutel. Darin befinden sich der Blütenstaub beziehungsweise die

Pollen. Als «Marketingabteilung» haben sich die bunten Blütenblätter (mal weniger, mal mehr auffällig gestaltet) entwickelt, sie sollen die Insekten und andere Tiere zum Transport der Pollen anlocken. In einer weiteren Abteilung befinden sich «Parfümerie» und «Zuckerküche», der Fachmann nennt diese Orte Nektarien. Vor und während der Blüte sind auch die anderen Organe der Pflanze aktiv. Die Blätter produzieren durch Lichtaufnahme Energie, und die Wurzeln saugen Wasser und darin enthaltene Nährstoffe für die Pflanze auf.

Aber nicht alle Pflanzen weisen Blüten auf: Farne, Baumfarne, Moose, Bärlappe und Schachtelhalme sind entwicklungsgeschichtlich vor den Blütenpflanzen entstanden. Diese vermehren sich über Sporen. Doch wer Insekten braucht, muss bunt blühen oder duften. Diese Methode ist allerdings noch nicht sehr alt, zurzeit der ersten Dinosaurier gab es noch keine Blüten in Hülle und Fülle, da war alles grün – die Farbe des Chlorophylls, mit dem Pflanzen ihre Energie erzeugen. Als sich jedoch immer mehr Dinos auf der Erde breitmachten, brachte die Evolution einen völlig neuen Pflanzentyp hervor, die Bedecktsamer, also alle Blütenpflanzen. Die nun fällige Produktion von Pollen musste auch an «den Mann» gebracht werden, was etwa möglich war, indem man mit den Insekten ein Bündnis schloss. Nun mussten nur noch Wegweiser aufgestellt werden, damit die richtigen Tiere zu den passenden Blüten fanden – sei es durch einen Duft oder auffällige Blüten oder auch Blüten in Menge:

Unbekümmert umtriebig – der Kohl-Lauch (*Allium oleraceum*).
Es gibt Pflanzenarten, die gibt es gar nicht. So eine ist der irre-wirre Kohl-Lauch. Bis zu 60 Zentimeter wird er hoch, seine blaugrünen schmalen, aber alle wie gebügelt flachen (und eben nicht lauchmäßig im Querschnitt runden und hohlen) Blätter kann man schon im Februar beobachten. Mitunter in dichten Rasen, von Norden nach Süden in Deutschland zunehmend, im Norden vor allem längs der

88

großen Flüsse wie Weser, Aller, Elbe, Havel und Oder. Ganz dolle trollig wird es dann, wenn er nach Lauchart von Juni bis August umtriebig blüht und danach fruchtet. Harakiriartig sprießen dann aus den zuerst geknubbelten, meist blattlosen Blütenständen die bis 4 Zentimeter lang gestielten Einzelblüten heraus. Oft in großer Zahl, sowohl was diese Blütchen auf einem Lauch als auch was die Anzahl der Pflanzen an sich betrifft. Das sieht dann aus wie die Haarpracht vom berühmten Struwwelpeter, wie elektrisiert abstehend, wie unter Strom: wie der junge Michael Jackson, der ältere Albert Einstein, wie der in dieser Hinsicht unschlagbare Boxpromoter Don King aus den USA. Ich musste immer lachen, wenn ich diesen Mann sah, aber auch schon immer beim Anblick dieses ganz unverwechselbaren Kohl-Lauchs.

Darling Unscheinbar – das Zierliche Tausendgüldenkraut (*Centaurium pulchellum*). Es ist Understatement und demonstriert Unterwürfigkeit in der Flora, überzeugt einen von Juli bis September trotzdem immer durch eine putzige Optik und viele rosafarbene Miniblüten. Nur höchstens 15 Zentimeter schafft dieses Enziangewächs, oft fällt es einzig aufgrund seiner Breite auf. Denn Blätter und Stängel, alle gegenständig aufdrapiert, vereinigen sich zu kleinen Büscheln. Ein so regelmäßiger Aufbau erinnert mich an kleine Kinder, wenn sie ihre Arme emporstrecken, um auf den Arm genommen zu werden, oder ganz dringend etwas haben wollen. Diese Zwergenaufstände muss man auf offenen Lehm- und Tonböden suchen, vor allem küstennah gelangt man in seinen Bann. Und wenn es dem Zierlichen Tausendgüldenkraut so richtig gefällt, jubiliert diese ausgesprochene Pionierpflanze auch mal zu Tausenden – ein stets einprägsames Bild. Ich habe immer mal wieder Glück mit diesem Akteur, man trifft ihn an Wegen, im Pflaster alter Park- und Gewerbeflächen oder auf einem Truppenübungsplatz an, gerne leicht gesalzen. Am liebsten hat es dieser geschützte Schützling, wenn er ab und zu im flachen und somit schnell erwärmbaren Wasser stehen darf. Dann verlängert sich sein Leben schon mal um einige Wochen, sonst kann es auch ganz schnell vorbei sein.

Permanent aufopferungsvoll – die Sonnenwend-Wolfsmilch (*Euphobia helioscopia*). Eine visuelle Erbauung und die Lieblingspflanze von meinem Sohn Tim (26 Jahre jung), der von Pflanzen leider so viel Ahnung hat wie mein früherer Hund Purzel. Egal, diese Sonnenwend-Wolfsmilch kann man mit Fug und Recht zu den anmutigen Pflanzen zählen. Sie erinnert mich immer an eine Wäschespinne, Sie wissen schon, die man früher im Garten stehen hatte und für die erst ein Einführstutzen in den Boden eingemauert werden musste. Diese sperrigen, sich gerne verheddernden, wackligen Dinger, die man auch mal vergaß, im Winter wieder einzukellern. So en miniature sieht die bis 40 Zentimeter hohe und von März bis November blühende Sonnenwend-Wolfsmilch aus. An schlanken, selten ganz unten mal verzweigten, wenig beblätterten, bis 3 Millimeter breiten Stängeln erheben sich nach einer hübsch fünfblättrigen Halskrause fünf spärlich behaarte Blütenstände. Streng genommen handelt es sich hier um eine Scheindolde. Jede ist tellerartig aufgebaut, wieder mit bis zu fünf Hochblättern, worauf die gelbgrünen Blütchen thronen, mit orangefarbenen Hüllbecherdrüsen und den später herabhängenden dreiteiligen Fruchtkapseln (Cyathien werden die genannt, wir wollen uns ja auch ein bisschen bilden). Und wo es dieser «Wäschespinne» gefällt, auf Äckern, im Brachland oder in Gärten, da kommen auch mal ganze Sonnenwend-Wolfs-milchhorden zur Geltung. Meint es zudem die Witterung noch gut, etwa in milden Lagen der Weinberge oder in Gemüsefeldern, dann macht diese an sich einjährige Art auch mal ganz durch und ignoriert voll die vier Jahreszeiten. Viele Wolfsmilche sind probate Anti-Warzenmittel. Sie dürfen den Milchsaft nur nicht zu lange auftragen (bis zu vier Wochen), sonst haben sie unter Umständen noch kleine Löcher in Fingern und Händen und könnten dann hindurchgucken. Das will doch nun niemand.

Redlich – das Doldige Habichtskraut (*Hieracium umbellatum*). Das bis zu 80 Zentimeter hohe, sich kandelaberartig mit zahlreichen bogigen Trieben aus einer Mitte erhebende Habichtskraut verfügt über zahlreiche, auffallend schmale Blätter, die bürstenartig den Stängel zieren. Sattgelbe, 3 Zentimeter breite Blüten von Juni bis Oktober sitzen dabei nicht in echten Dolden, sondern fast krallenartig in sogenannten Schein- bzw. Trugdolden. Fast wie bei einem Kaffee-kränzchen mit Kerzenlicht im kleinen Kreis. Ebenfalls bogig aufsteigende Blütenstiele entspringen nicht einem Punkt, sondern nähern sich etagenar-tig an, wenn auch auffallend gedrängt. Diese goldenen Kränzchen sehen aus wie auf einem Geburtstagskuchen, na-türlich viel kleiner. Jeder, der schon einmal an der Ostsee Urlaub gemacht hat, ist dieser unermüdlichen Errungenschaft auf und hinter den Sand- und Strandwällen sicher schon mal begegnet.

Schlicht gesellig – das Schopfige Kreuzblümchen (*Polygala comosa*). Eins gleich mal vorweg, in Deutschland gibt es zehn Kreuz-blümchen-Arten, die ganze Gattung *Polygala* gilt als sehr formen-reich, sprich: Die Bestimmungskost ist äußerst schwierig. Von allen ist aber das tulpen-, weinglas- beziehungsweise u-förmig aufgebaute Schopfige Kreuzblümchen mit seinen nur 10 bis 25 Zen-timeter Höhe und den meist dunkelrosafarbe-nen Blüten gut zu erkennen. Denkt man, aber diese Art blüht auch mal weiß oder auch mal blau. Andere Arten bringen es ebenfalls auf drei verschiedene Farben! Das Verwirrspiel setzt sich dahinge-hend fort, dass gerne auch mehrere Ab-gesandte von Kreuzblümchen im Ma-gerrasen ihr Unwesen treiben. Je mehr, je weiter man nach Süden vorankommt. Das

Schopfige Kreuzblümchen reiht sich gern dicht gedrängt um 6 Millimeter lange Blütchen in oft zweizeilig angeordneten Scheinähren. Besonders hübsch sind zwei klappenartige Blütenflügel je Blüte, mit aus nächster Nähe eindrucksvoller Zeichnung. Magerkeit, Offenheit, Trockenheit, Sonne und extensive Tiernutzung sind ihr Ding. Dann kann es auch mal zu ganzen Schopfblumen-Decken kommen, ein wahres Muster an Beständigkeit und Treue – sofern die Bedingungen stimmen. Ein kesses Kraut gerne auf Kalk.

Immer dabei – das Ausdauernde Weidelgras (*Lolium perenne*). Wer es als Bauer mit der Rinderzucht hat, päppelt das Ausdauernde Weidelgras, wo er nur kann. Denn kein anderes Wirtschaftsgras besitzt so viel Energie und Saft wie dieses nur 20 bis 60 Zentimeter hohe Ährengras. In strapazierfähigen Horsten mit kleinen Ausläufern macht es ganze Wiesen und Weiden dicht, geht an Straßen- und Wegränder, auf Pfade und hat längst auch Einzug gehalten in unsere Sportplatz- und Ziergrasrasen. Bis 20 Zentimeter lange, frischgrüne Blätter glänzen in der Sonne, das sind die Blattunterseiten. Die an glatten Stängeln bis 30 Zentimeter langen und grannenlosen Ähren, die von Mai bis Oktober blühen, sehen aus wie Fahrradspeichen oder Häkelnadeln. Trotz ihrer Robustheit werden sie gerne gefressen. Das Ausdauernde Weidelgras wird auch als Einstreu, zu Heu und Silage genutzt. Es wird gedüngt, geschleppt, gewalzt, und ist es ausgelaugt, wird flugs neu eingesät. So entstehen allmählich artenarme, so gut wie kräuterfreie Grasäcker, was wir Ökologen dann aber gar nicht mehr prickelnd finden. Natürlich sind der sprichwörtliche Englische Rasen, die vielen Tennisstadien in Wimbledon ohne *Lolium* undenkbar. «Lol», denkt der Greenkeeper und freut sich!

Unbekümmert im Zaubern – das Große Hexenkraut (*Circaea lutetiana*). Seit etwa zwanzig Jahren wird das Klonen von Pflanzen und Tieren in der Landwirtschaft und auch in der Humanmedizin kontrovers diskutiert. Klonen im Pflanzenreich, in der Natur, ist dagegen gang und gäbe. Alle Pflanzen mit nicht sexueller Ausbreitung, also generativ mit Ablegern, Ausläufern, Bruchstücken, Rhizomen und Schösslingen, tragen völlig identische Erbanlagen mit sich. Zu Land und auch zu Wasser. Fortpflanzung ohne Bestäubung, Befruchtung und Samen zeigen bei uns hektargroße und homogene Heidelbeerbestände, die auf tausend Jahre taxiert werden. Ausgedehnte Schilfröhrichte an Seen und Sümpfen sind vor sehr langer Zeit aus einer einzigen, ersten Pflanze hervorgegangen, Zitterpappel-Haine in den USA werden auf 10 000 Jahre geschätzt und übertreffen damit das höchste Alter von Mammutbäumen um Längen. Acker-Kratzdistel, Bär-Lauch, Busch-Windröschen, Giersch, Gundermann, Kriechende Hahnenfüße, Kriechendes Fingerkraut, Quecke, Wald-Sauerklee, selbst die niedlichen Wald-Erdbeeren – alle nur geklont! Ebenso das subtil im Boden herummachende Große Hexenkraut. Es ist häufig zu finden, zunehmend in allen Arten von Laubwäldern, vor allem an Forstwegen. Bis 60 Zentimeter hoch und von Mai bis August in ährenartigen Trauben weiß blühend, entwirft es ganz homogene Flächen. Nährstoffreich und nie zu trocken sollte es dabei möglichst sein. Im Winter werden diese Ausläuferverbindungen aber gekappt, es reicht dann wohl. Die charmanten Fruchtstände bleiben aufgrund rückwärtsgebogener Borsten als Ganzes oder einzeln an Tierfellen, Hosen und Mänteln haften. Das lateinisch-griechische *Circaea* ist abgeleitet von der die Männer fesselnden Zauberin Circe der griechischen Mythologie. Mich bezirzen auch alle Hexenkräuter, vor allem die filigranen Früchte im Nebel oder Raureif, die sich wie auch Circe bei Odysseus einfach anhängen. Und »Lutetia« ist bei Asterix und Obelix die Stadt Paris – es muss sich also um eine besondere Pflanze handeln. Auch wenn sich das selbst mir nicht sofort erschließt.

Typ Fleißiges Lieschen

Typ Extremist

In der humanen Welt werden Extremisten meist mit einer politischen Überzeugung in Verbindung gebracht, mal in die linke Richtung gehend, mal in die rechte. Der Begriff selbst leitet sich aus dem Lateinischen ab und beschreibt das Äußerste im Sinne von radikal, und zwar radikal «von der Wurzel aus» – was wiederum klingt, als hätte man es sich aus dem Pflanzenreich abgeguckt. Selbst die Radieschen gehen auf das lateinische Wort *radix* = Wurzel zurück. Aber die Zeiten ändern sich und somit auch die Bedeutung von Worten. Heute kennzeichnet man Extremisten als Charaktere, die kompromisslos vorgehen und den Anspruch erheben, dass ihre Überzeugungen unbedingt und uneingeschränkt richtig sind. Sie halten sich an enggefassten Vorstellungen fest, an einer Doktrin, verkünden eine radikale Weltauffassung. Vielfach wird diese in einer strengen Hierarchie von einem Einzelnen oder einer elitären Führungsgruppe ausgelegt und verbindlich vorgegeben. Meinungsfreiheit kann man hierbei vergessen. Der Extremist hat nur seine Existenzberechtigung durch den Mitläufer, der akzeptiert, was von ihm verlangt wird. Dabei ist der Mitläufer nicht nur ein Mensch ohne Eigenschaften. Gerät er nämlich in eine bedrängende Situation, dann ist sein Charakter nicht entscheidend, ob er Widerspruch erhebt oder nicht. Das ist abhängig davon, ob er irgendwelche Handlungsmöglichkeiten erkennt. Ein bisschen furchteinflößend ist das schon.

Wenn man Extremisten nicht nur als «Verfassungsfeinde» oder «Anti-Demokraten» titulieren will, kann man in der Psychologie

97

fündig werden, unter diese Kategorie fallen hier einfach grundsätzlich Menschen, die anders denken, die sich durch übertriebene Charaktereigenschaften hervorheben, die sich zwischen Gipfel und Abgrund bewegen, zwischen Himmel und Hölle, nur schwarz oder weiß, ganz oder gar nicht, oben oder unten. Da wechseln rasch die Launen, von himmelhoch jauchzend bis zu Tode betrübt. Die extremen Schwankungen umfassen dabei alle Lebensbereiche. Auch das kann für Außenstehende nicht selten bedrohlich wirken.

Aber so weit muss man gar nicht gehen. Extremisten können auch kreative Verrückte sein, die durch bestimmte Fähigkeiten und Talente an der Grenze zum Wahnsinn stehen. Denken Sie mal nach – wie viel Verrücktheit steckt eigentlich in Ihnen? Und wer die Nacht zum Tage macht, um wie besessen und getrieben etwas zu erfinden, das die Welt besser macht, und wer es auch noch schafft, andere mitzureißen – in dieser Ausprägung kann uns ein Extremist nur willkommen sein. Manchmal kann es also auch gut sein, wenn jemand rücksichtslos und entschlossen etwas durchboxt und nicht ständig von Zweifeln geplagt ist. Wirkliche und dauerhafte Veränderungen, ja Verbesserungen, sind oft von extremen Leuten erbracht worden. Stärken brauchen Übertreibung, ein Ausbrechen aus dem Normalen. Nur wer das Böse kennt, kann das Gute erkennen. Kurzum: Wenn alle nur ein fleißiges Lieschen wären, dann wäre die Welt ziemlich langweilig. Eben das andere Extrem.

Ähnlich öde wäre es auch in der Botanik. Extremisten machen die Welt bunter und einfallsreicher – auch wenn das gar nicht ihre Absicht war. In Fauna und Flora geht es immer um den berühmten Vermehrungsvorteil. Und wenn man zu radikaleren Formen greifen muss, um sich zu behaupten und sich gegen raumgreifende Nachbarn zu wehren, um sicherzustellen, dass die Triebe weiter nach oben und die Wurzeln weiter nach unten oder zur Seite wachsen können. Extremisten sind im Planetaren Überlebenskünstler, die sich mit ungewöhnlichen, oft angstmachenden Methoden an ihre Umwelt angepasst haben. Andere Pflanzen haben sich an extreme Standortbestimmungen angepasst, an eine extreme Kälte, an extreme Höhen, an extreme Trockenheit, an extreme Versiegelung oder an extreme Dunkelheit. So ist etwa das Alpenglöckchen eine Spezialistin im Hochgebirge, die bereits unter der Schneedecke wächst. Festgestellt wurde, dass der Stängel der Pflanze den Holzstoff Lignin enthält, und zwar bevor sie sich streckt. Lignin stabilisiert den Stängel, eigentlich müsste er die Streckung der Zellen verhindern – tut er aber nicht. Ein evolutionärer Vorteil, den das Alpenglöckchen mit ihrem komplexen Wahrnehmungssystem für sich genutzt hat, so unerklärlich das Ganze auch erscheint. Auf jeden Fall ist Vielfalt von großer Bedeutung, wenn Pflanzen sich mit neuen Bedingungen auseinandersetzen müssen, etwa mit den Herausforderungen durch den Klimawandel. Unter diesen Extremisten sind viele Neophyten, also Pflanzen, die erst in den letzten etwa fünf Jahrhunderten oft von weit her den Weg zu uns fanden – ob von alleine, per Lkw, Schiff, Zug, per pedes oder voll beabsichtigt zunächst als (dann zügellose) Zierpflanze:

Außer Rand und Band – die Filzige Pestwurz (*Petasites spurius*). Zu einer in Deutschland fast nur an der Ostsee verkehrenden Pflanze habe ich ein besonderes Verhältnis: Als Sowieso-Pestwurz-Fan halte ich natürlich große Stücke auf die Filzige Pestwurz. Sie wird bis 50 Zentimeter hoch und blüht hellgelb bis weißlich schon im April, einer dieser Enthusiasten im lockeren Sand direkt an den Badestränden. Genau genommen sieht man nur ein Meer herzförmiger Blätter, die einzeln im

Sand steif aufgerichtet schon von weitem ihre weiß-filzigen Unterseiten zeigen, wie helle Segel im weißen Sand. Tütenartig eingedreht sieht das aus wie überdimensionierte Einfüllstutzen. Das hilft gegen die im Osten im Sommer schon mal unerbittliche Sonne, den dann weiß vor sich hin flirrenden Sand und bei Wind und Sturm gegen die Rasur zahlloser umherfliegender Sandkörnchen. Ein echter Borderliner, auch noch starkfrost-unerschrocken, erster Mann an der Spritze, stets vorne an der Landrandfront. Noch im Oktober strotzen die Blätter in regenreichen Jahren nur so vor Kraft, sie sind durch kräftige Rhizome im Untergrund verwurzelt. So wie ich immer schon mit Norddeutschland verbunden bin. Auch die drei anderen deutschen Pestwurz-Arten beeindrucken durch rhabarberähnlich große Blätter, die man sich gegen Regen und Sonne auch mal auf seine eigene Platte legen kann.

Wolf im Schafspelz – der Venuskamm (*Scandix pecten-veneris*).

Der bei uns auf steinigen Kalkäckern beheimatete Venuskamm wird bis zu 40 Zentimeter groß, fast furchterregend sind bei der von Mai bis Juli blühenden Art die bis 9 Zentimeter langen Früchte, bis zu acht davon sind dann mit langen Schnäbeln kammartig aufgereiht. Diese sehen aus wie Minifechter, wie auf dem Rücken liegende Krebse. Die überdimensionierten Früchte rudern in der Luft, damit der Wind sie erwischen möge und sie über offene Steinäcker weht. Das hat was Groteskes an sich, denn die kleinen Fiederblättchen, die winzig weißen Blüten und ja die insgesamt kleinen Pflanzen lassen so etwas Ungleiches gar nicht erwarten. Das hat etwas von *Kai aus der Kiste*, von Rumpelstilzchen oder auch von Sigmar Gabriel, wenn der dann plötzlich und unverhofft loslegt. Wie auch Gabriel jetzt hat das dem Venuskamm aber wenig geholfen, denn er ist verdammt selten geworden. Ist dieser Gabriel nun ein Extremist? Schwer zu sagen. Aber der filigrane Venuskamm ist es auf jeden Fall: auf steinigen, sehr kalkreichen, oft extrem besonnten, liebend gerne vom Getreide unerreichten Gebirgsböden – je steiler die Lagen, umso besser.

Bestimmt kein Papiertiger – die Wollkopf-Kratzdistel (*Cirsium eriophorum*). Ich konnte sie nur anbeten, als ich sie 2016 im kratzdistelreichen Thüringen, in der Thüringeti bei Crawinkel – ein riesiges Weidegebiet am Fuße vom Thüringer Wald – fand. Sicher, man sieht sie auch ab und zu im niedersächsischen Bergland, aber Hunderttausende dann doch nicht. So weit das Auge reichte, Wollkopf-Kratzdistel an Wollkopf-Kratzdistel. Trotz Pferden und Rindern völlig unversehrt, vom Scheitel bis zur Sohle – ja gerade deshalb! Da geht niemand bei, da lässt man alle zehn Finger von, so stachelig sind die bis 2 Meter hohen Biester. Die Distel ist ein wahrer Entfesselungskünstler, der Harry Houdini der Botanik, wo diese Distel wächst, da wächst fast nichts anderes mehr. Eine einseitige Beweidung fördert sie, das ist dann keine Illusion. Schnell ist man umzingelt von den im Hochsommer bis 10 Zentimeter breiten, rabiaten, bewaffneten Blütenköpfen. Die purpurrote Blütenfarbe bildet perfekte Kontraste zur weiß-filzigen Blütenhülle. Eine Pflanze hat manchmal bis zu dreißig Blüten, in mehreren Etagen. Und daneben sieht man schon die extrem bewehrten Grundblätter dieser zweijährigen Art, nach der Blüte muss sie nämlich sterben. Drum ist ein offener Boden wichtig, auf dem die Früchte landen und erneut aussamen können. Diese Grundblätter sind noch wilder als später die Distel selbst, wie graugrüne Dolche, wie verkehrt herum liegende Harken im Gras, kammartig angeordnet, fast wie Balkenmäher. Auch daran versucht sich niemand, ohne sich zu verletzen. Denn auch der Haifisch, der hat Zähne …

Ganz schön gemein – der Europäische Stechginster (*Ulex europaeus*). Das Unternehmen Europäischer Stechginster ist geprägt von Höhen über 2 Meter, mit bis zu 6 Zentimeter langen Stechdornen (in Wahrheit umgewandelte Blätter) und einer überaus rustikalen Vitalität. Ihm zu begegnen ist so, als würden Sie eine heiße Herdplatte anfassen, sich auf ein Nagelbrett legen oder in Stacheldraht baden. Ein ziemlich spitzfindiger Kumpan ist dieser Ginster, schleunigst lässt man davon ab! Ursprünglich nur in West-Europa und auf den Britischen Inseln beheimatet, hat er es auf die Top 100 der invasivsten Pflanzen der Erde geschafft. Auch in Deutschland wurde dieser dynamische Schmetterlingsblütler mit seinen brutalen Dornen – so gar nicht die feine englische Art – angepflanzt. Um beispielsweise Dünen der Ostfriesischen Inseln aufzuhalten oder den Rand von Sandgruben mit den bis zu 2 Zentimeter langen, außen behaarten Blüten zu zieren. Übrigens mit nur mäßigem Erfolg, bei uns geht dieser Dornenstrauch schon wieder zurück. Warum muss auch der Mensch jede Pflanze, jedes Tier, jede Gemeinheit und eventuell auch jede kluge Maßnahme weltweit kopieren? Die Natur schlägt doch nur zurück. Wir bringen alles aus dem Lot und wundern uns dann auch noch! Gut, dass nicht alles planbar ist, das sagt vor allem diese unsinnige Phantomliste expansiver Gewächse aus. Der kafkaeske Stechginster, der auch in Heiden oder in lichten Kiefernwäldern hausiert, vermag Luftstickstoff in bodenbürtigen Stickstoff umzuwandeln, er düngt sich praktisch auch noch selbst.

Mit eingebautem Schlagbohrer – der Gewöhnliche Reiherschnabel (*Erodium cicutarium*). Schon die graugrünen, wie Scheiben platt auf dem Boden liegenden und starkbehaarten, überaus ornamentalen Grundblattrosetten vom Gewöhnlichen Reiherschnabel sind von guten Eltern. Äußerst schmuck in größerer Anzahl von Herbst bis Frühling. Besondere Zier versprechen die fünfteiligen, rosenroten, ganz selten auch mal weißen Blüten. Sie stehen im Kreis oder gabelartig zu dritt bis zu zehnt. Die beste Zeit hat der ein- bis zweijährige, sogar bis 1,5 Meter tief wurzelnde, bis 50 Zentimeter breite Gewöhnliche Reiherschnabel aber zur Fruchtzeit. Wenn sich nämlich die bis 4 Zentimeter langen Reiherschnäbel positionieren. Das hat etwas bedingt Furchterregendes und Vorlautes an sich. Was von Appell, Stalinorgel und Zinnsoldat. Von Mikrophonen bei Pressekonferenzen, von jenen Gardena-Regensprengern, die sich auf dem Boden hin und her bewegen – allerdings mit nur begrenzter Strahlkraft. Später spalten sich die Teilfrüchte der Länge nach auf, und es kommt Bewegung in den kleinen Kerl. Die Samen am Ende werden durch hygroskopische (Wasser anziehende) Bewegungen allmählich in den hoffentlich lockeren Boden von Äckern, Beeten, Brachen, Lagerplätzen, Sandrasen, Sandgruben und auch erwärmten Pflasterritzen gebohrt. Das besorgen die nun enggetakteten Spiralen der ehemaligen Reiherschnäbel, die sich bei Trockenheit einringeln, um sich dann bei Feuchtigkeit wieder zu strecken. Also kein Eintänzer, sondern ein gewiefter Eindreher.

Typ Giftzahn

Warum sind manche Menschen bloß so boshaft? Jeder kennt sie, die ohne mit der Wimper zu zucken anderen Gemeinheiten ins Gesicht schleudern. Sie kennen keine Rücksicht, die Folgen ihres Tuns sind ihnen völlig egal, oder sie sind sich – will man nicht ganz so hart mit ihnen ins Gericht gehen – nicht darüber im Klaren, was sie für einen negativen Einfluss auf ihre Umgebung haben. Doch man kann sich sicher sein, dass es darunter auch einige gibt, denen es richtig Spaß macht, Chaos zu stiften und uns an unsere Grenzen zu bringen. Sie interessiert es auch nicht, in friedvoller Weise mit anderen zusammenzuleben, eher sind sie auf Krawall gebürstet. Wer diesen toxischen Menschen begegnet, sollte ihnen lieber aus dem Weg gehen, denn wenn sie ihr Gift verspritzen, enthalten sie sich jeglicher Logik. Giftige Menschen bereiten nichts weiter als Schwierigkeiten, und die kann keiner brauchen.

In emotional aufgeladenen Situationen ist es jedoch nicht ganz leicht, den Giftzahn von den lediglich lästigen oder komplizierten Typen zu unterscheiden. Aber es gibt einige Untertypen, die es einem ermöglichen, die getarnten Giftspritzen zu erkennen und sie sich vom Leib zu halten. Wer sie nämlich nicht meidet, könnte selbst infiziert werden.

Ganz oben rangiert hier die Klatsch verbreitende Person. Die Tratschtante findet ihr Glück im Unglück der anderen. Im ersten Moment kann das noch ganz unterhaltsam sein, aber auf Dauer zeigt sich, wie respektlos das doch ist, über andere so gemein zu sprechen.

Auch die Neidhammel können nur selten an sich halten, wenn sie merken, dass bei den anderen das Gras immer grüner ist als bei ihnen selbst. Weil sie niemandem ihre Erfolge gönnen, wird ihr Ton von Mal zu Mal giftiger. Der Choleriker rastet zwar manchmal aus und kann mit Dingen um sich werfen, ist aber nicht wirklich boshaft. Er hat die Contenance verloren, furiose Wutanfälle sind sein Kennzeichen. Wer unter dieser Charakterschwäche leidet, ist aber bereit, sich hinterher zu entschuldigen. Dann kann er auch wieder ganz lieb sein, bis zum nächsten Mal … Toxische Menschen mit fiesen Absichten und voll von Rachsucht und Gehässigkeit kämen erst gar nicht auf diese gute Idee.

Pflanzen sind auch giftig, aber sie haben eine ganz andere Intention als humane Giftspritzen. Sie sind nicht böse. Pflanzen können nicht moralisch urteilen, sie können nicht glücklich oder unglücklich sein, nicht neidvoll auf hübschere Blüten oder grüneres Grün schauen. Pflanzen können zwar auf Substanzen in der Luft reagieren und zwischen unterschiedlichen Berührungen differenzieren, aber sie sind nicht in der Lage, wenigstens nach unserem Verständnis, emotionale Erfahrungen zu machen. Also: In erster Linie ist das Gift für sie ein Schutz, es soll Fraßfeinde davon abhalten, sie einfach aufzufuttern. Und hungrige Mäuler sind ständig in der Natur unterwegs, da wimmelt es nur von Hamstern, Hasen, Hunden, Kaninchen, Kühen, Pferden und Schafen, woanders sind es Esel und Ziegen. Es gibt aber auch Insekten und Bakterien, die mit toxischen Pflanzen eine Symbiose eingehen und von dem Gift profitieren. Einige auf diese Pflanzen spezialisierte Insekten können die giftigen Stoffe – Alkaloide – aufnehmen, ohne selbst Schaden zu nehmen. Sie entwickeln dann bestimmte Duftstoffe, die bestimmte Signale abgeben, manchmal sind sie nützlich bei der Paarung, manchmal halten sie Fressfeinde davon ab, sich das Eigelege einzuverleiben. In anderen Fällen werden diese Alkaloide nur produziert, wenn die Pflanze eine Symbiose mit bodenwüchsigen Bakterien eingeht. Da ist noch vieles zu entdecken.

Das Gift kann in allen Teilen der Pflanze stecken, in den Blättern, Blüten, Beeren, Rinden, Samen und Wurzeln. Interessant ist dabei, dass es sehr viele verschiedene Toxine gibt, die sehr unterschiedlich wirken können, abhängig von der Dosis, die aufgenommen wurde. Eine gewisse Gemeinheit haben toxische Pflanzen auch entwickelt, wenn sie äußerlich essbaren Pflanzen zum Verwechseln ähnlich sind. Und was nur wir Menschen entdeckt haben: Bestimmte Gifte sind in einer bestimmten Dosis nicht toxisch, sondern wirken berauschend, beruhigend, gewollt betäubend oder gar heilend:

Pflanzlicher Totenkopf – der Gefleckte Aronstab (*Arum maculatum*). Wer segelt so weißlich durch Wald und Hain? Es ist der Aronstab mit seinem Heiligenschein. Manchmal schon zu Weihnachten sieht man erste dunkelgrüne Blattensemble sprießen, aus nicht zu trockenem, stets lockerem Lehmboden – Vorfrühling bereits im frühen Winter! Nicht jedes Blatt ist gefleckt, typisch sind bei der bis 50 Zentimeter hohen, stark giftigen Pflanze jeweils zwei pfeilartige Blattzipfel. Bis in den März hinein tut sich dann nicht mehr viel, die Blätter strecken sich ein wenig, einige kommen noch hinzu. Bis im April dann bei den meisten Exemplaren ein tuchartiges Segel gesetzt wird, in einem grauen Weiß oder hellem Grün. Spatha nennt man diese Vorrichtung, eine Art Tüte, eine Wundertüte. Es ist eine Kesselfalle für Fliegen, die kurzzeitig als Geiseln genommen werden und für die Bestäubung sorgen. Danach erschlafft eine Art «Pflanzenmuskel», und die Tiere gelangen wieder lebend ins Freie. Herbeigerufen werden sie durch einen bräunlichen bis olivvioletten Kolben mit Lockstoffen, der obere Teil ist frei sichtbar, der untere ist eingewickelt. Ein echter Stinkstiefel, dieser Aronstab, daran schnuppert niemand ein zweites Mal. Aas duftet verglichen damit, und meine Socken sind selbst nach zwei Wochen noch nichts dagegen! Aber prima für die Fliegen, sie fliegen auf ihn, ähnlich wie beim Pilz Stinkmorchel. Ab Juni bilden sich dann die am Ende glänzend rot lackierten Früchte, am sogenannten Aronstab, das Giftige und damit das uns Warnende springt einem bei dieser Alarmfarbe schon regelrecht an.

Gar nicht heimtückisch – das Schwarze Bilsenkraut (*Hyoscyamus niger*). Bekanntermaßen ist mit vielen Nachtschattengewächsen nicht gut Kirschen, besser Beeren essen. Ihre Früchte sollte man daher nur zu sich nehmen, wenn man sie gut kennt (Kap-Stachelbeere, Kartoffel oder Tomate). Richtig abschreckend und gefährlich sehen die bis 3 Zentimeter breiten, trichterartigen Blüten des Schwarzen Bilsenkrauts aus: hell bis goldgelb mit einem innen violetten Strich- und Punktesystem. Wer aber immer noch nicht von der Giftigkeit der Pflanze überzeugt ist, sollte sich vom widerlichen Geruch und von ihrer Klebrigkeit leiten lassen und sich lieber distanzieren. Das war auch früher schon so, als es hieß: «Ilse, Bilse, keiner willse!» Weder die unhübsche oder unangenehm riechende Ilse noch diese hochgiftige Bilse. Sie wird bis 1 Meter hoch und brilliert von Juni bis September mit einer Vielzahl dieser teuflisch ausschauenden Blüten, leiterartig in Reih und Glied auf einem Wickel angeordnet. Die auch einst Schweinsbohne oder Zigeunerpflanze (Rauschdroge) genannte Pflanze lässt mich jedes Mal erschaudern – was wohl passiert, wenn ich doch mal ein paar Kapseln koste? Oder im Salat für andere? Nein! Sie benötigt zur Blüte zehn Stunden Sonnenschein und bringt es auf 400 Samen je Kapsel, die ab Spätsommer als «steifer Windfang» ausgestreut und verbreitet werden. Manchmal sieht man an einem Standort im Sommer sogar noch allerletzte Bilse-Leichen des Vorjahrs.

Ganz schön alarmierend – die Schwarze Tollkirsche (*Atropa belladonna*).

Von der um 1,5 Meter hohen Schwarzen Tollkirsche haben viele schon gehört. Nur wenige kennen sie wohl selbst von Waldwegen oder lichten Böschungen. Eine Pflanze mit Wohl & Wehe, auch Irr-, Wahn- oder Wutbeere genannt. Sie enthält das Gift Atropin (auch noch Hyoscyamin und Scopolamin stecken in ihr), es ist eines der gefährlichsten im Pflanzenreich überhaupt. Drei bis fünf der knapp 2 Zentimeter breiten, kreisrunden, glänzend schwarzen Tollkirschen reichen aus, damit es für einen Menschen tödlich ausgehen kann. Reife Tollkirschen schmecken süßlich und sind sehr saftig. Habe ich selbst ausprobiert – nicht dass ich lebensmüde wäre, aber man muss doch wissen, worüber man so schreibt und spricht. Natürlich spuckte

Typ Giftzahn

ich sie sofort wieder aus, spülte auch noch gewissenhaft mit Wasser nach. 1989 im Kleinen Deister bei Hannover war das, ich war da noch mutiger Student … Die außen violettbraunen und innen verführerisch geäderten, über 2 Zentimeter langen Blüten sind glockenartig und überwiegend verwachsen. Zudem besitzt sie am Grund schmale und am Stängel fast so lange wie breite dunkelgrüne Blätter, die unangenehm riechen. Die ausgeprägte Pfahlwurzel scheint oft nur wackelig im Boden zu stecken, ausgewachsene Exemplare hängen oft schräg am Weg. *Belladonna* heißt in Italien «schöne Frau», und tatsächlich soll schon Kleopatra mit Hilfe von Atropin und ihren so vergrößerten Pupillen manchem Römer schöne Augen gemacht haben – und danach wohl noch viel mehr. Bis heute ist *Belladonna* in der Homöopathie nicht wegzudenken: als Mittel etwa gegen Mumps, Bindehautentzündung, Furunkel, Keuchhusten, Sonnenbrand, Windpocken oder Zahnfleischleiden. Über dreißig Möglichkeiten der Gesundung gehen alleine aufs Tollkirschen-Konto.

Giftiges Porzellan – das Maiglöckchen (*Convallaria majalis*). Lateinisch *majalis* bedeutet «im Mai blühend» – aber das war einmal! Wie sich doch die Zeiten ändern, doch Dynamik ist und war schon immer ein Wesen der Natur. Ob das nun immer gleichbedeutend ist mit Fortschritt, das bleibt hier unbeantwortet. Fest steht, dass das bis 25 Zentimeter hohe Maiglöckchen inzwischen weit vor dem 1. Mai blüht. Seine Tage der Arbeit können sogar schon Anfang April liegen. Diese hochgiftige, all- und altbekannte Pflanze hat bis zu 20 Zentimeter lange düster-grüne Blätter, die von unterirdischen schneeweißen Rhizomen ausgehen. Die attraktiven elfenbeinweißen, wie lackiert aussehenden, lieblich duftenden Glockenblüten hängen an steifen Blütenständen, kleinen Trauben. Das Maiglöckchen hat immer etwas von Meißner Porzellan. Die Trauben sind blattlos, glatt und tragen ab Juli mennigrote Kugeln, exakter: Beeren. Als typische Halbschattenpflanze dirigiert sie sich am liebsten in artenärmere Laubwälder, in Hecken und Gebüsche und verwildert, ohne zu zögern, auch in allen dörflichen und städtischen Habitaten. Das Maiglöckchen ist daher für jeden Wildgarten zu empfehlen, zumal sich die stattlichen Laubblätter im Gegensatz zu fast allen anderen Liliengewächsen noch weit bis in den Herbst halten. Also ein idealer Bodendecker, aber Achtung: Wucherpflanze! Früher genutzt als eine Art Herzschrittmacher und als niesreizauslösendes Mittel aus getrockneten Blüten war es Bestandteil des «Schneeberger Schnupftabaks».

Duftender Anstifter – der Gewöhnliche Seidelbast (*Daphne mezereum*). Der extrem giftige winterkahle Strauch blüht früh im Jahr, vor dem Blattaustrieb. Der alte Name «Kellerhals» bezieht sich auf den brennend scharfen Saft der Früchte, der, wenn er mal in Mund und Rachen gelangte, sofort wieder ausgespuckt wurde. Selbst Bachstelzen und Misteldrosseln sind als «Mundwanderer» gegen gefressenes Fruchtfleisch gefeit und speien die Samen wieder aus. Rosenrote Blüten erscheinen gebüschelt nebeneinander an den letztjähri-

Typ Giftzahn

gen Blattansätzen. Der Seidelbast ist damit der einzige von ansonsten subtropisch bis tropisch verbreiteten Arten, die Kauliflorie zeigen. Das ist das Blütenwachstum direkt aus dem Stamm heraus, wie es Kaffee, Kakao oder die bei uns seltene Zierpflanze Judasbaum zeigen. Die knallroten tödlichen Beeren enthalten über 30 Prozent Öl, auch vor frischen Blättern sollte man sich hüten. Angucken immer, berühren immer, essen nimmer. Die frühere Nutzung als Heil- und Rauschmittel sowie gegen Läuse ist zum Glück ganz unmodern geworden.

Dieser Seidelbast wirft sich mit seinen sommergrünen Blättern am liebsten in Schale in steinig-felsigem Gelände. In den Alpen gerne im Bereich der Waldgrenze und auch darüber hinaus. Dort ist er dann einigermaßen vor den Menschen sicher, die ihm als Strauß oder als Gratisga(r)be für ihre Gärten noch immer nachstellen. Obwohl er doch seit langem schon vollkommen geschützt ist. Aber wehe, ich erwische da mal jemanden – da werde auch ich mal recht giftig …

Typ Giftzahn

Typ Heiler

Weil Menschen nicht unsterblich sind, versuchten sie seit jeher zu heilen und zu helfen. Mit unterschiedlichsten Methoden. Zu Anfang wandten sie sich an Ärzte-Priester, die die Götter beschworen, damit diese die Dämonen aus den Körpern der Kranken trieben. Den griechischen Philosophen der Antike war das zu dumm, denn sie fanden, dass der Mensch sein Schicksal selbst in die Hand nehmen sollte, so würde er endlich frei sein. Und das hieß auch, sich anders den Kranken zu nähern, den Menschen grundsätzlich bewusst zu machen, dass sie selbst in der Lage waren, Verantwortung für ihre Gesundheit zu übernehmen. Die Heilenden konnten fortan nicht mehr diesen oder jenen Gott anrufen, sondern sie mussten nachdenken und Gesundheit definieren. So wurde Gesundheit etwa als Zustand physischer Ausgeglichenheit definiert, Krankheit im Umkehrschluss also als nichts anderes als eine Unausgeglichenheit. Dann kamen sogenannte Primärqualitäten hinzu, die Gegensatzpaare warm und kalt sowie feucht und trocken. Der schon erwähnte Hippokrates erzählte seinen Schülern schließlich von den vier Körpersäften. Dabei wurden Medizin und Ernährung damals nicht voneinander getrennt. Hippokrates lehrte: «Dein Arzneimittel sei dein Lebensmittel, und dein Lebensmittel dein Arzneimittel.» Es brauchte aber noch einiges an Überzeugungskraft, um seine Gedanken in der Praxis anzuwenden.

Pflanzen haben sicher auch einige Zeit auf ihrem evolutionären Weg gebraucht, um die Notwendigkeit von Heilen und Helfen zu vervollkommnen. Dabei haben auch sie auf Kommunikation gesetzt, sie kommunizieren unentwegt. Sie warnen einander vor Fressfeinden, rufen bei Schädlingsbefall bestimmte Insekten zur Hilfe herbei, registrieren diverse Umwelteinflüsse und teilen diese ihren Nachbarn mit. Sie haben dafür ihre eigene Sprache entwickelt, die aber von Pflanzenart zu Pflanzenart unterschiedlich sein kann. Einige haben sich auf chemische Signale spezialisiert (Duftstoffe), andere auf elektrische, etwa für unsere Ohren kaum hörbare Klicklaute, die sie wie bei einem Morsecode über ihre Wurzeln versenden. Und das, was sie ihren Mitbewohnern mitzuteilen haben, ist alles andere als banal. Für Tratsch haben sie keine Zeit, sie beschränken sich aufs Wesentliche. So wird dem Umfeld nicht nur zu verstehen gegeben, dass man beispielsweise verletzt wurde, sondern der Feind wird auch noch genau benannt. Bei einem bestimmten Duftsignal, das von den Blüten an die Luft abgegeben wird, wissen etwa Schlupfwespen, dass sie herbeifliegen müssen, um Erste Hilfe zu leisten. Käfer, Heuschrecken und Raupen lieben die Blätter der Limabohne – am liebsten würden sie permanent das saftige Grün der Pflanze verspeisen. Doch die weiß sich zu wehren und lockt durch Nektar Bodentruppen an: Ameisen kommen geeilt und werfen die lästigen Angreifer von den Blättern. Würden Pflanzen sprechen können wie wir, würde es in unseren Wäldern und auf unseren Wiesen ganz schön laut zugehen.

Pflanzen sind somit nicht nur einzelne Organismen, die still und isoliert vor sich hin blühen, sondern haben so etwas wie ein gemeinschaftliches Bewusstsein – mit der Tendenz, bestimmte Mitstreiter zu bevorzugen, und das sind die eigenen Verwandten. So findet schon die erwähnte Acker-Schmalwand anhand des Wurzelsekrets heraus, wer zur Familie gehört und wer nicht. Zählt der Nachbar nicht zur Verwandtschaft, werden ihm durch erhöhtes Wurzelwachstum möglichst viel Wasser und Nährstoffe abspenstig gemacht. Ist die Nebenpflanze dagegen aus einem Samen der eigenen Mutter gekeimt,

Typ Heiler

breitet die Acker-Schmalwand ihre Wurzel nur so weit aus, dass der Nächste auch noch genügend Platz hat.

Die Substanzen, die den Pflanzen helfen, haben auch heilende Auswirkungen auf den Menschen, die von den floralen Erdbewohnern nun aber gar nicht als zur Familie gehörig anerkannt werden. Doch der *Homo sapiens* hat sich darum noch nie geschert:

Gegen die Pest – der Teufelsabbiss (*Succisa pratensis*). Zu den besonderen Augenfreuden zählt der erstklassige Teufelsabbiss mit seinen königsblauen Blütenkugeln. Da auf den Wiesen und Weiden seit langem schon zu viel gedüngt wird und sich oft zu viele Nutztiere tummeln, da auch die Heideflächen schrumpfen, muss man nach ihm momentan vor allem an Zäunen, Graben- und Wegrändern suchen. Aber womit hat sich diese ausdauernde Pflanze mit ihren zungenartigen und behaarten, dunkelgrünen Blättern diesen ungewöhnlichen Namen verdient? Früher haben sich die Menschen die Pflanzen noch ganz genau angeguckt, alles wurde untersucht und ausprobiert. Was können Pflanzen? Wozu kann man sie verwenden? Haben sie einen medizinischen Nutzen? Und das vollführte man bei den mickrigsten Arten. Da schreckte man auch nicht vor Wurzeln zurück: Beim Teufelsabbiss erlebten sie jedenfalls eine große Enttäuschung. Eine kräftige Pfahlwurzel endet schon nach wenigen Zentimetern praktisch im Nichts. Das ist wie ein Fehlstart im 100-Meter-Olympiaendlauf von Usain Bolt, Carl Lewis oder Ben Johnson. Spukartig, ganz einfach so mir nichts, dir nichts, wie abgebissen. Und von wem? Wenn nicht vom lieben Gott, dann vom Teufel – daher der Name! Ob er es nun von unten gemacht hat oder vorm Auspflanzen, das weiß niemand so genau. Er ließ die Wurzel einfach verfaulen, weil er den Menschen ihre Heilwirkung nicht gönnte. Diese 20 bis 100 Zentimeter hohe Pflanze, auch bei Bienen, Fliegen, Hummeln und Schmetterlingen außerordentlich hoch im Kurs (hier sind es aber die Blüten), wurde früher vielfältig medizinisch genutzt, bei Ekzemen, Geschwüren, bei Wurmbefall. Auch versuchte man die Pest und die Syphilis mit ihr zu bekämpfen.

Meine Notfallapotheke – der Spitz-Wegerich (*Plantago lanceolata*). Wer so dermaßen intensiv wie ich durch unsere Landschaften strolcht, wer querfeldein lieber mag als ausgetretene Wege, wer oft schon einige Meter weiter guckt, als er gegangen ist, der zieht sich im Laufe der Jahre auch mal ein paar blutige Verletzungen zu. Die in dieser Hinsicht schmerzhafteste Krönung bisher war ein alter Stacheldraht, gespannt am Fuß einer Böschung am Rande eines Sportplatzes in Wallhöfen bei Bremen, 1997 war das. Mit dem Fahrrad düste ich einen Abhang hinunter, im Gegenlicht sah ich diesen Quertreiber von Draht nicht und riss mir so quer die Stirn auf. Stark blutend musste ich meine Tour abbrechen, mein Unterhemd schützte die Wunde. Immer mal wieder kommt es aber nur zu kleineren Verletzungen, etwa beim Überqueren von Weidezäunen oder beim zu hastigen Überschreiten von Brombeerwüsten. In solchen

Fällen hilft mir der geniale und häufige Spitz-Wegerich. Mit dieser Allzweckwaffe behandele ich nun fast alles auf meiner Haut – Insektenstiche und Spinnenbisse inklusive. Er ist meine Apotheke am Wegesrand, der bis 60 Zentimeter hohe Spitz-Wegerich mit schmalen Blättern und kurzen Blütenständen. Essen kann man ihn auch, ein Hustenmittel ist er noch dazu. Nun habe ich nie Husten, das kann aber ja noch kommen – ich bin dann vorbereitet.

Stärkungsmittel pur – der Topinambur (*Helianthus tuberosus*). Top ist er, der bis zu 2,5 Meter, an der Weser auch mal bis zu 4 Meter hohe Topinambur, er ist ein Vertreter aus der Gattung der Sonnenblumen und seit 1830 bei uns (wollte mal aus den USA weg). Er hat eine verdammt späte Blütezeit, von Ende September bis in den November hinein, was aber viel gelbe Farbe in triste Herbstzeiten bringt. Die formidable Wuchshöhe rückt die bis zu 10 Zentimeter breiten Blüten an Straßen und Wegen, auf Müll- und Schuttstellen, an Böschungen und Ufern stets ins rechte Licht. Dann wuchert dieses ausdauernde, sich mit Rhizomen ausbreitende Geschöpf ganz doll, zum Leidwesen vieler Gartenbesitzer. Topinambur unterstreicht die Stärke der Natur, zeigt uns unsere Grenzen auf. Sein Zweitname ist Erdbirne, ein Hinweis auf das Unterirdische. Die Pflanze besitzt nämlich violette, bis 10 Zentimeter lange, faust-, flaschen- bis walzenförmige Sprossknollen. Die sind essbar wie Kartoffeln, und Schnaps kann man auch draus machen. Die Pflanze enthält Inulin, bei Diabetikern wird das als Stärkeersatz genutzt.

Wenn der Doktor kommt – der Arznei-Thymian (*Thymus pulegioides*). Der um- und vieltriebige Arznei-Thymian ist eine nur bis 15 Zentimeter hohe, oft großflächig wachsende Pflanze, seine Reviere sind fließende Übergänge von Wegen zu Magerrasen, Böschungen, Dämmen und alten Deichen. Er blüht von Juni bis September rosafarben bis purpurviolett und duftet herrlich durch ätherische Öle, vor allem zerrieben. Der Arznei-Thymian ist eine alte Heil- und Würzpflanze, frisch gesammelt verfeinert er Käse, Quark, Salat, Soßen und Fleischgerichte. Verabreicht als jedoch ziemlich bitterer Tee, hilft er gegen Atemwegserkrankungen und Erkältungen. Letztlich macht aber ein Löffel Honig alles ganz prima. Der Arznei-Thymian, früher auch Quendel genannt, besitzt im Querschnitt rechteckige Stängel, vor allem an den Kanten ziemlich zottig behaart. Eiförmige, gegenständige, unten gestutzte und nur wenige Millimeter lang gestielte Blätter komplettieren das liebliche Bild. Er nimmt karges, nur lückig bewachsenes, gerne extensiv beweidetes Land in Besitz, als wärmeliebender Lippenblütler gerne auch alte Maulwurfshügel, Tierbauten, Böschungen und Felsen. Er ist ein Dauerblüher und bietet Unterschlupf für eine Vielzahl von Eidechsen, Faltern und Laufkäfern. Vom Geruch her wird man schnell versetzt ans Mittelmeer, mit dort vielen weiteren bodennahen Duft- und Heilwundern.

Blähfrei – der Wiesen-Kümmel (*Carum carvi*). Ich liebe Kümmel, im Brot, im Käse, im Quark, im Salat, an Soßen. Aus Naturschutzgründen verzichte ich aber darauf, dieses Gewächs selbst zu sammeln oder gar anderen anzupreisen, denn es soll ihm nicht unnötig nachgestellt werden. In vielen Gebieten Deutschland ist das heute sowieso kaum noch möglich, so schnell hat er bereits aufgesteckt und den Geist aufgegeben. Der Wiesen-Kümmel ist ein weiß blühender Doldenblütler. Er kann 30 bis 80 Zentimeter hoch werden, man erkennt ihn auch sofort am typischen Geruch. Die Dolden im Mai bis Juli sind bei ihm verhältnismäßig klein, sie besitzen auch keine Hüllen unter den Dolden. So hüllenlos wächst er an sonnigen und grasigen Böschungen, Rainen und Wegen. Extrem fein gezeichnete, oft mit einem Blaustich versehene Blätter sind dreifach gefiedert. Über die stark gerieften, leicht bananenartig gekrümmten Früchte muss ich mich nicht weiter äußern, die sind allen bekannt. Kümmel ist *das* Mittel gegen Verdauungsbeschwerden, ein Kümmeltee hilft bei Blähungen. Dabei heilt mich eine tolle Wiesenkümmel-Wiese bereits nur beim Anschauen.

Steht auf Schwermetalle – die Herzynische Miere (*Minuartia caespitosa*). Zu den floristischen Außergewöhnlichkeiten zählen Arten, die es sich an Stellen bequem gemacht haben, an denen früher im Tagebau oder auch im flachen Untertagebau Metalle abgebaut wurden. Wie etwa Blei, Eisen, Zink oder Silber. Teils jahrhundertelang gelangten auf diese Weise über Niederschläge und dann verdriftet über die Oberflächengewässer giftige Spuren, eben Schwermetalle, selbst in entferntere Regionen. Eine dieser Galmei-Pflanzen, die auf so etwas erpicht sind, ist die Herzynische Miere. Sie lässt sich aufgrund dieser Tatsache nur an wenigen Orten blicken. Neben ihrem Hausgebirge Harz kommen die Landschaften um Stolberg bei Aachen, die Bleikuhle bei Blankenrode im Kreis Paderborn, der Silberberg bei Osnabrück, das Mansfelder Land oder die Bottendorfer Höhen im Nordosten von Thüringen in Frage. Allen gemeinsam ist ein feinstes Weißblütenmeer von Mai bis August. Die liegenden bis aufsteigenden, stets in Büscheln wachsenden, extrem feinen Sprosse sind von graugrüner Farbe. Die fast 1 Zentimeter langen, nadelförmigen Blätter sind im Gegensatz zu den Kelchen unbedrüst. Von weitem sieht das aus, als wenn es gerade gehagelt hätte, ein toller Kontrast zur sonst oft lebensfeindlichen rostig-roten bis rußig-schwarzen Farbe des Untergrunds. Meist ist die Herzynische Miere hier ganz allein, allenfalls ein paar Habichtskräuter oder die Taubenkropf-Lichtnelke in einer durch die Metallrückstände gedrungenen Wuchsform mischen sich hier noch ein. Diese Galmei-Pflanzen sind in der Lage, über spezielle Zellen dem erhöhten Schwermetallangebot zu trotzen und die giftigen Substanzen teilweise wieder auszuscheiden. Da die entsprechenden Standorte jedoch zunehmend weiter auslaugen und dann zuwachsen, sind diese ausgesprochenen Lebenskünstler und Erdheiler oft Arten der Roten Liste.

Ebenfalls ganz heilsam sind noch zwei Veilchen in Deutschland: das Westfälische und das Gelbe Galmeiveilchen. Sie wachsen weltweit nur bei uns – also auch noch extrem!

Typ Hysteriker

Die hysterische Persönlichkeit – sie geht allem aus dem Weg, was Verpflichtung bedeuten könnte. Das Neue, der Reiz, das Unbekannte ist ihr Metier, sie vermeidet alles, was nach Dauer, nach Sicherheit klingt. Bloß nicht, das sind ja nur Einschränkungen, alles soll relativ, lebendig und bunt bleiben, jede Festlegung, jede Verbindlichkeit, jedes Endgültige löst Angst aus. Strukturen, Regeln und Traditionen empfindet sie als Zwang. Der Hysteriker mag die Bühne, liebend gern eilt er von einem Auftritt zum nächsten, isst Hummer, wenn er sich nur Hummus leisten kann, Hauptsache, er wird seiner Rolle als Selbstdarsteller gerecht. Was natürlich mit sich bringt, dass er ein großartiger Redner ist, auch wenn es darum geht, bei der Bank überzeugend aufzutreten und das überzogene Konto zu rechtfertigen.

Hysteriker machen sich eine Menge vor, leben in ihrer eigenen Realität (oder einer Pseudorealität), haben ein mit anderen Menschen nicht kompatibles Zeitgefühl, tauchen auf, wenn es ihnen gerade passt, verschwinden auch wieder nach Lust und Laune. Planen kann man mit ihnen nicht, das sollte man sich abschminken.

Und wenn es um Beziehungen geht, dann spielen sie auch Theater. Eine Frau (oder ein Mann) wird dann über alle Maßen gelobt, man macht viel Bohei um den Partner, muss am Tisch unbedingt neben ihm sitzen, um so die große Liebe und den Rausch zu demonstrieren – das gilt aber nur für den Abend, wenn Gäste anwesend sind. Ansonsten: Zu wirklicher Nähe und Bindungsfähigkeit ist die hysterische Persönlichkeit nicht fähig. Lieber improvisiert sie, sodass man eher einen großartigen Unterhalter an seiner Seite hat (und als Partner zum Claqueur wird), mit dem man sich nicht langweilen muss.

Nur wenn die glänzende Fassade nicht aufrechterhalten werden kann, er nicht mehr ausweichen und bagatellisieren kann, wenn man vor lauter Rollenspielen nicht mehr weiß, wer man selbst ist, dann geschieht es, dass der Hysteriker ausflippt, aggressiv wird. Dann poltert er los.

Auch in der Botanik kann man die hysterischen Strukturen erkennen, die risikofreudigen Pflanzen, die plötzlich auf der floralen Bühne auftauchen und nach dem Motto leben: «Einmal ist keinmal.» Sie halten sich ungern an die Regeln, die das planetare Kollektiv um sie herum aufgestellt hat, sind nicht bereit, sie für sich anzunehmen. Sie wollen der Evolution mit ihren Gesetzmäßigkeiten trotzen, versuchen die Realität zu sprengen, sich ein Hintertürchen offen zu halten. Dadurch wirken diese Pflanzen auch ein wenig beliebig, weil letztlich nicht so viel dahintersteckt, wie nach außen hin demonstriert wird:

Passt Gelegenheiten ab – die Gelappte Stachelgurke (*Echinocystis lobata*). Eine Skurrilität sondergleichen ist die Gelappte Stachelgurke, ein neues Kürbisgewächs aus Asien und Ost-Europa, voll auf der Überholspur. Auf das Jahr 1922 datiert ist der erste Deutschlandfund. Ich sah die Pflanze zuerst 1992 in Pasewalk ganz im Südosten von Vorpommern, am Fluss Randow. Neben fünflappigen Kürbisblättern drängen sich die stacheligen Gurken auf, die walzlichen Früchte dieser bis 8 Meter langen, kletternden, besser übergriffigen Art. Dazu nutzt sie spiralig verdrehte Klimmhilfen, mit denen sie vorzugsweise Brennnesseln, Rohr-Glanzgras, Schilf, Spitzkletten, Astern-, Gänsefuß-, Weiden- und Zweizahn-Arten frech überzieht. Sie ist so eine Art moderner Caesar: «Veni, vidi, vici – ich kam, sah und siegte!» So eine Art Klassenclown: «Hallo, hier bin ich, ich kann und weiß was!» Die Fruchtstände explodieren natürlich, sie sind stark stachelig, zuerst weich, dann hart. Mit graugrüner Farbe liegen sie wie kleine Säckchen auf den Stützpflanzen oder auch mal auf den Buhnen unserer großen Flüsse auf und harren aufs nächste Hochwasser. Die schwimmfähigen Samen könnten so demnächst auch Hamburger Gebiet erreichen, bestimmt warten die da schon drauf.

Nichts als Illusionen – die Schachbrettblume (*Fritillaria meleagris*). Natürlich ist auch die Schachbrettblume nicht bereit, für verbindliche Ordnung zu sorgen. Ordnung ist für sie ein dehnbarer Begriff, letztlich braucht man sie nicht ernst zu nehmen, nichts bringt mehr Spaß, als Erwartungen zu durchbrechen. So gibt es an der Unterelbe riesige Vorkommen und auch auf der niedersächsischen Unterweserseite, doch auf jede zehnte rote bis braunrote, glockige Blüte kommt eine schneeweiße. Das Schauspiel ist so schön, dass an Wochenenden viele Leute dahin pilgern, um es nicht zu verpassen. Es sieht einfach toll aus, besonders in dieser Menge. Zunächst sind die Blütenstände wie Bischofsstäbe gekrümmt, zur Fruchtzeit, in der Phase des Aussamens, streckt sich die Pflanze, richtet sich auf. Wie bunte Krücken, wo nur die Wiesen-Zwerge fehlen, wahre Motive für Expressionisten. Bis 35 Zentimeter hohe Stiele sind dünn und genauso weiß-bläulich mit Grünstich wie die sehr schlanken Blätter. Sie übergipfeln die Blüten. Lange Zeit herrschte Uneinigkeit, ob diese diffizile Schönheit mit den anspruchsvollen Lebensbedingungen (Lehm, Ton, Sonne, mäßige Nährstoffe, gerne mal ein kurzes Hochwasser, bloß kein Tritt) überhaupt einheimisch ist. Viele waren dafür, ich dagegen nie, und so zählt sie heute zu Recht zu den eingebürgerten, weil vor 150 Jahren mal ausgebrachten Neophyten aus alten Gärten in Flussnähe.

Kleinlich anders – das Nickende Birngrün (*Orthilia secunda*). Dieses 5 bis 20 Zentimeter hohe und von Juni bis Juli weißgrünlich blühende Gewächs ist schon so ein Kobold. Meist sind beim wintergrünen Birngrün sechs elliptisch zugespitzte Blätter gedrängt im unteren Drittel vereint. Nie ganz am Boden als Rosette, aber auch nicht in Richtung Blütenähre, die übrigens einen bumerangartigen Bogen beschreibt. Die Blätter sehen birngrün aus! Sie kennen doch bestimmt birngrün! Oder nicht? Ich eigentlich auch nicht, dunkelgrün, mattgrün, tiefgrün, düstergrün kenne ich! Oder sollen die Blätter im Umriss etwa birnenförmig sein? Ist so nicht zu bestätigen. Jedenfalls sind die gut 5 Millimeter großen, fünfteiligen Fruchtkapseln kugelrund, an der Spitze hängt ein noch mal so langer Klöppel, der Griffel, dran. Vorher in glockig herabhängender Blüte war der nur kurz zu sehen, er mausert sich dann aber zum Markenzeichen. Dazu fällt mir nur die Nase dieser berühmten Holzschnitzpuppe Pinocchio ein. Bis zu zwanzig Blüten trägt das Birngrün so vor sich her, wenn es gute Laune hat. Immer auffallend in eine Richtung ausgerichtet. Kaum zu glauben, dass selbst das so zwergige Birngrün mal als Heilpflanze (Frauenleiden) herhalten musste und heute noch selbst im dunklen Tann von Insekten besucht wird. Es hat es geschafft, sein Dasein wunschgemäß umzudichten, um eben so mal aufzufallen.

Eine Zumutung – die Winter-Linde (*Tilia cordata*). Zu den in Deutschland verehrten Baumarten zählen neben Buchen und Eichen vor allem Linden. Kaum ein Ort, der nicht irgendwo mit Linden bestückt ist, mit Lindenkrügen, Lindenplätzen, Lindenstraßen (selbst im Fernsehen). Linden kommen in Familien- (Erwin Lindemann) und Stadtnamen (Hannover-Linden) vor. Von beiden deutschen Lindenarten, Sommer- und Winter-Linde, ist letztere die etwas häufigere. Wobei man sagen muss, dass durch Pflanzungen und Verwilderungen die natürlichen Areale inzwischen hoffnungslos verwischt sind. Wo die Winter-Linde heute beginnt, wo sie aufhört, wo die natürlichen Verbreitungsgrenzen verlaufen, reine Mutmaßung. Die bis 30 Meter hohe, bis 1000 Jahre alte, winterkahle Immobilie besitzt unterseits nur an den Nervenachseln bräunlich behaarte, an den Rändern etwas einwärts gesägte Blätter. Sie zieht es, ihrem Namen entsprechend, etwas weiter nach Norden, in die Gebirge, und blüht auch etwas später als die Sommer-Linde. Aber parke deinen Wagen bloß nie unter Linden, besonders nicht im Juni und Juli: Scheibenkleister.

128

Die zuckerige Zumutung, dieser Honigtau, wird immer von Blattläusen zur Zeit der Lindenblüte vor allem abends und nachts abgesondert. Was die Linden-Bienen mögen, entpuppt sich zur Plackerei auf Blech und Scheiben. Auch sonst im Jahr verursachen Linden Querelen: Sie glänzen durch Stockausschläge, die mühsam entfernt werden müssen, und auch sonst durch Staub. So lieblich die rundlichen Knospen, die blaugraugrünen und herzförmigen Blätter, die zu dritt bis zehnt an Trauben hängenden, kegelartigen und dünnschaligen Nüsse (mit nur 1 bis 2 Samen) auch sind, Linden jammern. Nämlich bei zu starker Trockenheit und Versiegelung – und sind daher eigentlich nur mäßig brauchbar in Dorf und Stadt.

Das ganze Drum und Dran der Winter-Linde kumuliert auch in einer Vielzahl von Nutzungsmöglichkeiten. Neben Lindenblütenhonig und Lindenhonig der Bienen aus den Ausscheidungen der Blattläuse sowie als Bau-, Bastel- und Brennholz war früher noch eine Verwendung als Schießpulver bekannt. Lattenzäune aus Linde hießen «Landen», woraus «Geländer» wurde. Der Tee dient schweißtreibend als populäres Erkältungsmittel. Also dann doch noch eine Baumart zum Feiern, früher und auch noch heute!

Typ Hysteriker

Typ Mimose

J eder Vorwurf macht ihr zu schaffen, das tut es auch bei anderen Menschen, aber eine Mimose reagiert besonders empfindlich darauf, fühlt sich schnell angegriffen. Wer sie kritisieren will, muss das dem Sensibelchen schonend beibringen, sonst ist sie für längere Zeit gekränkt. Alles bekommt sie in den falschen Hals, jedes Wort wird auf die Goldwaage gelegt, und aus einer Mücke wird ein Elefant. Nimmt man sie nicht ernst, zieht sie sich beleidigt zurück, verlegt sich auf die Mitleidsschiene, jammert herum: «Niemand nimmt auf mich Rücksicht!» Sie ist ja das arme Opfer, um das sich keiner kümmert. Einige kenne ich, verrate aber nichts.

Man kann es aber auch anders sehen, wenn man Mimosen nicht als leicht eingeschnappte Mitbürger betrachtet (was man aber auch immer machen sollte, um Abstand von ihnen zu nehmen), sondern als Menschen, die innere und äußere Reize verstärkt wahrnehmen, weil sie als hochsensibel einzustufen sind. Die Temperamentsforschung der letzten fünfzig Jahre hat gezeigt, dass sich Menschen bereits im Säuglingsalter darin unterscheiden, wie stark sie auf Reize in ihrer Umgebung reagieren. Die US-amerikanische Psychologin Elaine Aron, die das Konzept der Hochsensibilität zuerst beschrieben hat, nennt vier Indikatoren dafür: eine tiefe Informationsverarbeitung, eine damit einhergehende Tendenz zur Übererregung, emotionale Intensität, die positive wie negative Gefühle und eine hohe Fähigkeit zur Empathie mit einschließt. Und nicht zuletzt eine sensorische Empfindlichkeit.

131

Sensibilität ist aber (über-)lebensnotwendig. Ohne ein genaues Sehen, Fühlen, Schmecken und Riechen ist Leben nicht möglich. Und nicht anders ist das bei Pflanzen. Auch sie können sehen, fühlen, schmecken und riechen. Die Erforschung der Sinne von Pflanzen hat in den letzten Jahren enorme Fortschritte gemacht, mit den modernen Methoden der Molekularbiologie konnte nachgewiesen werden, dass sie sensibel, sogar hochsensibel, auf Einflüsse ihrer Umgebung reagieren und sie ständig analysieren.

Schon Charles Darwin, der revolutionäre britische Evolutionsforscher, hatte die These aufgestellt, dass Pflanzen in der Lage sein müssten, das für die Fotosynthese wichtige Licht wahrzunehmen. Für ihn war das die einzige Erklärung, warum sie zielstrebig zum Licht hin wachsen. Schließlich gelang es vor gut zwanzig Jahren, in der Spitze von Maiskeimlingen einen Rezeptor zu lokalisieren, der dem Sehprotein Rhodopsin in den Stäbchen der menschlichen Netzhaut ähnelt.

Monica Gagliano, australische Evolutionsökologin, hat gezeigt, dass Erbsenpflanzen durch Rohre rauschendes Wasser anscheinend fühlen – und ihre Wurzeln in diese Richtung wachsen lassen. Bislang ging man davon aus, dass sich Pflanzen ausschließlich am Feuchtigkeitsgehalt eines Bodens orientieren. Wenn das Wasser aber in Leitungen fließt, kann das ja nicht der Fall sein. Pflanzen hören auch, ganz ohne Ohren. Neurobiologen haben nachgewiesen, dass Weintrauben, die regelmäßig mit klassischer Musik beschallt wurden, größere und süßere Früchte trugen, und dass sich die Pflanzenwurzeln von Maiskeimlingen zu einer Tonquelle hinwenden und bei höheren Frequenzen schneller wachsen. In der Kunst des Schmeckens kennen sie sich ebenfalls aus, das demonstrierte der Wilde Tabak. Wenn Feinde ihre Kauorgane in die Blätter der Tabakspflanze schlugen, dann war es ihnen möglich, genau zu unterscheiden, wer denn so gefräßig war. Als sie die Diagnose gestellt hatten, produzierten sie entsprechende Duftstoffe, die sich über die Schädlinge hermachten. Eine eindeutige Win-win-Situation.

Und der Teufelszwirn, ein Windengewächs und ein ausgesprochener Schmarotzer, kann nur überleben, wenn er eine Wirtspflanze findet, zu denen etwa die Tomate zählt. Die findet er aber nur, wenn er sie riecht, dann versucht er mit seiner geringen Restenergie zu ihr zu wachsen. Eine Tomatenpflanze unter Glas lässt der Teufelszwirn dagegen links liegen. Pflanzen sind also weniger Mimosen als hochsensible Organismen, die lichtempfindlich, nährstoffempfindlich, trittempfindlich oder sonst wie empfindlich sein können:

Am seidenen Faden – der Fadenenzian (*Cicendia filiformis*). Bestimmt ist er keine Schönheit, und er macht auch kein Aufheben von sich. Schuld sind Höhen von nur 3 bis 10 Zentimeter und die wenig verzweigte Statur. Gäbe es noch keine Gestaltungssatzung, müsste man sie zu seinem Schutz erfinden. Der einjährige Fadenenzian ist so was von fadenförmig, da geht nichts drüber, ein Zahnstocher unter den Pflanzen, eine arretierte Stopfnadel, ein wahrer Strich in der Landschaft. Man sieht diesen Faden nur, wenn man direkt davorsteht. Das hat was von Not gegen Elend, von Armseligkeit, Misere, Zerbrechlichkeit. Das reißen dann von Juli bis immerhin Oktober vierteilige, gelbe Blütchen von nur 5 Millimeter Breite auch nicht mehr raus. Einfach eine zutiefst schutzwürdige und schutzbedürftige Angelegenheit. Doch zugleich ist dieses Enziangewächs, das von größter Seltenheit ist, unglaublich stur, denn es will sich nur auf nährstoffarmen, nassen Sanden etablieren. Im Winter muss es auch noch flach überflutet sein, damit

133

diesem Kleingeist auch ja die geringste Konkurrenz erspart bleibt. Schon bei Moosen, selbst bei den labberigen Torfmoosen, bekommt der Fadenenzian schnell Schnappatmung. In Deutschland halten sich deshalb von diesem vom Aussterben bedrohten Wicht nur noch in Nordwest-Deutschland und in der Lausitz ein paar lausige Reste.

Wirklich anrührend – der Pillenfarn (*Pilularia globulifera*). Ein winziger Bodenwurzler vor dem Herrn ist der Pillenfarn, bei flüchtigem Hinsehen hält man ihn für einfaches Gras oder binsiges Zeugs. Eher nicht der Rede wert. Aber von wegen! Er ist eine botanische Exklusivität, fast nur im norddeutschen Tiefland und auch dort von vielen noch nie gesehen. Der 3 bis 10 Zentimeter niedrige Farn rollt heiter seine rund-hohlen Blätter wie kleine Bischofsstäbe auf, um am Ende gestreckt oder geschlängelt ein kurzrasiges, frischgrünes Bild abzugeben. Das macht er aber nur im Übergang vom Land zum Wasser, an flachen und vermoorten Ufern von Seen und Weihern, auf dem Boden abgelassener Fischteiche. Untergrund und Wasser müssen lausig nährstoffarm und eher schlammig sein. Bei seiner geringen Größe darf auch niemand stören, dann verzieht er sich in dichten Decken aufs flache Wasser, man sieht einzig die krummen Stäbchen herauslugen. Geht es ihm dabei gut, entwickelt er am Boden, im Blattwinkel seiner Ausläufer, linsenfarbene krümelige Kügelchen aus: seine Pillen eben, Fachausdruck: Sporokarpe. Hier sind die Sporen drin, die er ab September, am besten nach kurzzeitiger Austrocknung, an die Umgebung abgibt. Gemäß seiner ausgeklügelten Lebensweise ist der Pillenfarn inzwischen sehr selten geworden und in Deutschland stark gefährdet. Hoffentlich muss er jetzt nicht irgendwann die Löffel abgeben, denn gegen Austrocknung, Hitze und Zuwachsen seiner Pionierstandorte helfen nämlich gar keine Pillen – auch nicht seine.

Gestäubtes Sensibelchen – die Mehl-Primel (*Primula farinosa*). Alles Mehl oder was? Von den zehn deutschen Primel-Arten ist die Mehl-Primel sicherlich die ungewöhnlichste. Denn wenn alle anderen sich in Gelb zeigen, macht sie einen auf Rosa bis Rosenrot. Dieses überaus talentierte Gewächs bevorzugt feuchte bis wechselnasse Moorwiesen, auch mal Felsrasen inmitten einer oft wenig blütenreichen Umgebung. So sortiert sich die Mehl-Primel gerne ein zwischen Breitblättrigem Wollgras, Faden-Binse, Rasiger Haarsimse oder der Schuppenfrüchtigen Segge. Die bis 7 Zentimeter langen, leicht gebuchteten Blätter sind oberseits fast kahl und unterseits dicht mehlig bestäubt. Die bis 25 Zentimeter hohe Mehl-Primel besticht von Mai bis Juli mit meist zwölf sternartig flach ausgebreiteten Blüten. Sie treffen sich mit einem gelben Schlundring oben am Schaft in einer Trugdolde. Ein tolles Naturschauspiel, wie rötliche Golfbälle auf dunklen Rasen. Die Mehl-Primel ist bis auf Oberbayern in vielen Gegenden schon lange ausgestorben – diese krasse Kostbarkeit gibt es im Norden nur noch in Vorpommern auf einigen be- und gehüteten Moorwiesen.

Typ Mimose

Prinzessin auf der Erbse – das Gewöhnliche Katzenpfötchen (*Antennaria dioica*). Eher monoton, profan, volkstümlich, wie jemand in grauer Arbeitskleidung tritt das nur 5 bis 20 Zentimeter hohe Gewöhnliche Katzenpfötchen in Erscheinung. Der lateinische Name hat tatsächlich etwas mit Antennen zu tun, gemeint sind zur Fruchtzeit die vorne keulig verdickten Pappusstrahlen, «Katzenpfötchen» wird sie wegen der weichen Behaarung der gesamten Pflanze genannt, aber auch aufgrund der Form ihrer knapp 1 Zentimeter hohen Blütenkörbchen (es gibt weibliche und männliche). Es ist ein interessanter, einzeln bis polsterartig wachsender Stratege, der an ein Edelweiß erinnert. Während aber das eigentlich viel unscheinbarer blühende Edelweiß gefeiert wird, hat das Gewöhnliche Katzenpfötchen zur Blütezeit im Mai bis Juni strohblumenartig weiß-rötliche, adrette Blüten zu bieten, die oben an grauen Stängeln hocken. Diese Pflanze zelebriert sich durch ihre Seltenheit, denn sie tendiert vor allem im Norddeutschen Tiefland inzwischen gegen null. Es fehlen nämlich Schafe, die auf magerem, kurzwüchsigem und nur lückig bewachsenem Gelände ihre Runden drehen. Auf der berühmten, 950 Meter hohen Wasserkuppe der Hessischen Rhön wachsen sie aber auch in ausgedehnten Borstgrasrasen, Hunderttausende der niedlichen Geschöpfe im grauen Gewande. Und das vollbringen hier nicht die Schafe, das übernimmt eine Kombi von Mähern, Fallschirmspringern, Hangglidern, Segelfliegern und auch immer mal ich selbst.

Typ Mimose

So etwas Goldiges – der Orientalische Wiesenbocksbart (*Trago-pogon pratensis* ssp. *orientalis*). Eine wahre Lichtgestalt ist der bis 1 Meter hohe, von Mai bis Anfang August goldgelb blühende Orientalische Wiesenbocksbart. Er hat jedoch die unangenehme Eigenschaft, fast beamtenmäßig schon um zwölf Uhr mittags Schluss zu machen. Oft kommt man zu spät und verpasst die bis zu 8 Zentimeter breiten, tellerartig offenen Blüten, randlich mit jeweils um die dreißig Blütenblättern umspannt. Die großen Blüten warten mit einer intensiv maisgelben Farbe auf. Die Blütenblätter sind stets länger als die spitzen Hüllblätter. Mit seiner aufrechten Gestalt hat der Wiesenbocksbart etwas von einem eitlen Gockel, er erinnert mich an den genialen Fußballer Cristiano Ronaldo, an Karl Lagerfeld in besseren Zeiten, Ex-Kanzler Schröder oder auch Donald Trump mit Pfälzer Vorfahren. Genau dort wächst dieser Korbblütler, in der Pfalz, ferner recht häufig südlich des Mains und in klimabegünstigten Teilen von Ost-Deutschland. Sonst fehlt diese Mimose, der die Wärme so liebende, zweijährige Schmeichler auf der ganzen Linie. Der deutsche Name «Bocksbart» rührt vom Modus geschlossener, schon fruchtender Blütenreste, wenn denn dann eine weiße Spitze bocksbartähnlich hervorlugt.

Verspielt – das Doldige Winterlieb (*Chimaphila umbellata*). Den Winter habe ich bestimmt nicht lieb, irgendetwas fehlt mir in dieser Jahreszeit – darauf kommen Sie jetzt aber bestimmt nicht … Das Doldige Winterlieb ist immerhin ein Wintergrün, nur zeigt es sich fast ausschließlich im Osten Deutschlands. Dieses Juwel, eigentlich ein Sitzclown, wird höchstens 15 Zentimeter hoch. So wächst sich bei ihm selbst schon Moos zur echten Gefahr aus, es könnte ersticken. Die glänzend dunkelgrünen, stark gesägten, lanzettlichen Blätter werden kaum 1 Zentimeter breit. Jeweils ein unverzweigter Spross bringt im Juni drei bis sieben rosafarbene, manchmal weiße Blüten nach oben. Sie hängen nach unten, denn diese ganz spezielle Pflanze mit ihren fünf Blütenblättern und zehn ringförmig abgeordneten Staubblättern muss extrem sparsam haushalten. Die lehmigen, nährstoffarmen Böden geben kaum etwas her. Das ist auch gut so, das hält nämlich so sonst niemand mehr aus. Die geschützte Pflanze verholzt sogar im untersten Teil, ist also streng genommen ein Zwergstrauch. Sieht man aber kaum, vor allem nicht, wenn man sich zur Blütezeit am Winterlieb erfreut und im Sommer auch noch gar nicht an den Winter denken will.

Ein Regenballist – das Gegenblättrige Milzkraut (*Chrysosplenium oppositifolium*). Nicht dass Sie hier jetzt noch in die Schussbahn geraten, aber das Gegenblättrige Milzkraut verschießt seine glatten, winzigen Samen. Nicht aktiv, das besorgen Regentropfen, die dieses nur 5 bis 15 Zentimeter hohe, extrem trittempfindliche Steinbrechgewächs neben dem Wasser von Bächen und Quellen auf Trab halten. In dicken, dichten, homogenen Rasen mit dunkelgrünen Farben werden von April bis Juni die winzigen Blüten angelegt. Ohne echte Blütenblätter verfärben sich showmäßig goldgelb nur die Hochblätter, welche Fliegen und Käfer herbeilocken. In schalenartigen Fruchtkapseln, den goldgelben Präsentiertellerchen, werden dann ab Mai die Samen präsentiert. Mit den bewurzelungsfähigen Sprossen kommt dieser für quellnasse Erlenwälder typische Mitbewohner ganz gut voran, doch bleibt es stets ein zartes und mimosiges Geschöpf. Die Blätter des Milzkrauts setzte man früher entsprechend der Signaturenlehre tatsächlich gegen Milzleiden ein.

Typ Mimose

Typ Draufgänger

Menschliche (und pflanzliche) Persönlichkeiten sind äußerst facettenreich und vielfältig und daher wenig geeignet, sich in wenige Schubladen pressen zu lassen. Das hält uns hier natürlich nicht davon ab, nach geeigneten Schubladen zu suchen. Doch was ist eine Persönlichkeit? Gewissermaßen, so Psychologieprofessor Jens Asendorpf, die «Essenz» einer Person, also die Summe all dessen, was sie von ihren Mitmenschen unterscheidet: ihre individuelle Art zu fühlen, zu denken und zu handeln. Wir vergleichen uns ständig miteinander und stellen dabei Differenzen fest. Manche Menschen nehmen wir als wagemutig wahr, andere als verschlossen, interessiert, kreativ. Anhand solcher Unterschiede charakterisieren wir andere, definieren so auch uns selbst.

So ist es sehr beeindruckend, wenn sich jemand seinen Ängsten stellt, über den eigenen Schatten springt und wirklich Mut beweist. Das liegt vor allem daran, dass die meisten sich zwar wünschen, selbst auch ein wenig mutiger zu sein, sich am Ende aber doch nicht trauen und lieber bei den altbekannten Dingen bleiben, von denen sie annehmen, dass sie sich mit denen auskennen. Grenzen zu überschreiten, Neuland zu betreten, sich aufzumachen und Wege auszuprobieren bedeutet, sich auf etwas einzulassen, das ungewiss ist. Und das ist nicht jedermanns Sache. Es könnten ja unterwegs Hindernisse auftreten, die man nicht zu bewältigen weiß. Dass Stolpersteine auch Herausforderungen sind, an denen man wachsen kann – das sehen eher die Mutigen und selten die Anmutigen.

Draufgänger sind Optimisten, sie treten allen Schwierigkeiten entgegen und betrachten sie nicht als unüberwindbar – und machen sie Fehler, dann sind sie überzeugt davon, dass man sie wieder richten kann. Es gibt immer einen Ausweg. Das macht sie auch neugierig auf andere, sie treten ihnen nicht misstrauisch gegenüber, fürchten sich nicht, sind unbefangen. Gleichsam gehen sie mit offenen Armen auf andere zu.

Es gibt auch die Aussage, der Charakter sei das, was vom Menschen übrig bleibt, wenn es unbequem wird. Genügend Menschen hängen ihr Fähnchen in den Wind, sie trauen sich nicht, eine eigene Meinung zu vertreten, besonders dann, wenn etwa ein Vorgesetzter eine andere hat. Bloß nicht auffallen, das ist heute so verbreitet wie noch nie zuvor. Couragiert ist dann der, der das nötige Selbstbewusstsein aufbringt und versucht, die anderen von seinem Standpunkt zu überzeugen. Und wenn solche Menschen Gegenwind erfahren, dann knicken sie nicht bei auftretender Kritik ein, sondern überdenken diese. Wenn sie sich in ihren Augen als ungerechtfertigt erweist, wird damit auch nicht hinterm Berg gehalten.

Pflanzen haben eine eigene Form von Mut entwickelt, die auf großer Feinfühligkeit basiert. Da sie ja nicht weglaufen oder sich heroisch verteidigen können, müssen sie genau verfolgen, was in ihrer Umwelt passiert. Der feinfühligste Teil des Grüns sitzt in der Wurzel. Dazu der Botaniker František Baluška: «Eine einzelne Wurzelspitze misst in jeder Sekunde Schwerkraft, Licht, Nährstoffe und Gifte.» Was heißt, dass Pflanzenwurzeln innerhalb von Sekunden ihre Wuchsrichtung ändern können, wenn sie auf etwas stoßen, das zu ihrem Nachteil oder Vorteil gereicht. Das hat dazu geführt, dass Pflanzen selbst in Steppen steppen, waghalsig Sümpfe oder alpine Hochregionen besetzt und sich voller Abenteuerlust auf unbekanntes Terrain begeben haben. Man muss ja mal testen, was es noch für Möglichkeiten gibt, und dabei ist Erstaunliches herausgekommen:

Der Ausreißer – das Bubiköpfchen (*Soleirolia soleirolii*). Jeder kennt das Bubiköpfchen, die Zimmerpflanze mit den kleinen runden Blättchen stand vor rund dreißig Jahren auf jeder zweiten deutschen Fensterbank oder wurde in Balkonkästen ausgepflanzt. Das fand diese frostempfindliche Ampelpflanze auch ganz in Ordnung, nur blieb sie nicht dort – jedenfalls nicht immer.

Zunehmend kann beobachtet werden, wie sie sich vom Balkon oder Fensterbrett regelrecht abseilt. Nein, sie fällt doch eher runter, zumindest Teile von ihr, sie werden einfach per freiem Fall entsorgt. Das ist so wie Reinhold Messners Abstiege in den achtziger Jahren ohne Seil und doppelten Boden von einem der vierzehn weltweiten Achttausender. Solche Bubiköpfchen-Stücke landen dann unten auf dem Boden, meist wird daraus nichts Gescheites mehr. Meist ist aber nicht immer, und so kommt es neuerdings tatsächlich vor, dass das Bubiköpfchen weiterwächst, sich von den inzwischen nur noch sporadischen Frösten auch im Freien unbeeindruckt zeigt. In Bremen, Emden, Oldenburg und Hannover fand ich die Pflanze im Siedlungsrasen, hauswandnah geschützt. Über Mäher freut sie sich diebisch, denn aus dem Bubiköpfchen ist ein tischeben wachsender Bubiskalp geworden, den erfassen sie nicht. Unglaublich, wie dieser Ausreißer abgesprungen und auf dem Weg der Einbürgerung ist in wintermilden Gegenden Deutschlands. Das Bubiköpfchen fehlt daher noch in allen bekannten Florenwerken über Wildpflanzen, das sollte sich jedoch tunlichst ändern! Eine Stelle in Soest hat es aber immerhin schon in die Annalen von Wikipedia geschafft, dort ist ein Foto dieser neuen Art abgebildet. Ich habe es 2017 an genau dieser Stelle selbst erlebt.

Äußerst riskant – der Milzfarn (*Asplenium ceterach*). «Wunder gibt es immer wieder», sang einmal Katja Ebstein. Es gab das Wunder mit Jeanne d'Arc: 1429 die Befreiung von Orléans gegen die Engländer im Hundertjährigen Krieg; das Wunder vor Wien: 1683 das Ende der türkischen Belagerung Wiens durch das Heer des polnischen Königs Jan Sobieski; das Wunder an der Weichsel: 1920 die entscheidende Schlacht der siegreichen Polen gegen die Sowjetunion; das Wunder von Bern: 1954 der 3:2-Sieg Deutschlands gegen Ungarn beim Endspiel der Fußball-WM in der Schweiz. Und es gab selbst in meinem Wohnort Bremen schon mehrere «Wunder an der Weser», klar, wieder im Fußball, zu Zeiten von Trainer Otto Rehhagel – aber später auch eins am Elbe-Seitenkanal. Denn selbst hier, im Nordosten von Niedersachsen, wächst der 4 bis 20 Zentimeter hohe, besser breite Milzfarn, er hat hier sein nördlichstes Vorkommen auf dem europäischen Kontinent überhaupt. Seine mattgrünen Blätter weisen an beiden Seiten neun bis zwölf halbkreisförmige, meist versetzt angeordnete Blattlappen auf. Das sieht aus wie Gebissreihen, breit lachend, wie bei Stefan Raab, nur halt nicht weiß, sondern grün. 2011 fand ich nordöstlich von Lüneburg von diesem reinen, eigentlich mediterran verbreiteten Mauer- und Felsfarn neun Pflanzen. Ich wäre fast vom Fahrrad gefallen, eine botanische Sensation, ein frostempfindlicher Farn souverän so weit im Norden und in Niedersachsen seit Jahrzehnten vom Aussterben bedroht. Seitdem fahre ich jedes Jahr aufgeregt wieder hin und zähle mit botanischer Gänsehaut nach … Und oh Wunder, er nimmt stetig zu. 2017 sechsunddreißig Individuen, und im gleichen Jahr gelangen weiter südlich am gleichen Kanal, an der gleichen Westseite sogar noch zwei weitere Beobachtungen mit drei und sechsundzwanzig Pflanzen. Er gastiert im schmalen Betonsteinstreifen gleich unterhalb des Radwegs, mehr oben als direkt am Kanalwasser, denn Wellenschlag fürchtet er. Aber auch Austrocknung schadet ihm, in heißen Sommern gieße ich ihn dann auch mal liebevoll mit dem Wasser von Ort und Stelle. Damit dieses Wunder nicht nur eins kurz für die Geschichtsbücher bleibt!

Unverfroren – die Sibirische Glockenblume (*Campanula sibirica*). Ganz euphorisch war ich, als ich 2016 in Brandenburg eher zufällig an den Oderhängen der Lebuser Berge auf ost-exotische Sibirische Glockenblumen stieß. Davon las ich bereits, aber so recht dran glauben wollte ich beim Durchstreifen der noch toll ursprünglichen Landschaft nicht. Doch dann sah ich sie, zehn der strebsamen und würdevollen Glockenblumen in vollster Juni-Blüte, nicht in Sibirien, sondern ausgerechnet im Federgras-Halbtrockenrasen. Das passte perfekt, denn hier erwischt diese zweijährige, also nach der Blüte absterbende, bis 50 Zentimeter hohe und eintriebige Blume ihre absolut westlichste Verbreitungsgrenze. Als kontinental verbreitete Pflanze lachen Polen und Russen über sie, so häufig, aber hier? *Campanula*-typisch blau bis blauviolett sind die schlanken Blüten, die in straff aufrechten Trauben zueinanderfinden. Die dunkelgrünen Blätter sind extrem schmal, am Rande wellig und stark weißzottig behaart. Das soll Sonne, Tier und Wind trotzen, denn in Sibirien ist es zwar im Winter arschkalt, aber im Sommer mollig warm und auch lange trocken. Darauf ist sie gefasst, weiter westlich regnet es ihr zu viel, dort würde sie damit doch glatt verschimmeln.

Im tiefsten Schlamm zu Hause – das Sumpf-Johanniskraut (*Hypericum elodes*). Das giftige, leuchtend zitronengelb blühende, flatschenartige Gewächs (von Juli bis Oktober) ist ein sogenannter Atlantiker – es hält also nichts von heißen Sommern und scharfen Frösten wie die Glockenblume von eben, sondern benötigt gleichmäßig über das Jahr verteilte Niederschläge. Kein Wunder also, dass diese bundesweit stark gefährdete Art in einem Gürtel um die Niederlande herumkreucht. Es fleucht da auf sumpfig-nassen, nährstoffarmen Schlamm- und Torfböden, an Teichen und Tümpeln, vor Röhrichten. Blätter, Kelche und Stängel sind für eine nässeanzeigende Pflanze erstaunlich stark und flaumig behaart. Eigentlich sollte sie ausgiebig transpirieren, ich deute das daher mal als eine Art Kälteschutz. Die optisch reizvolle, bis 30 Zentimeter hohe Pflanze begeistert vor allem durch ihre elliptischen, kreuzweise gegenständigen Blätter von gut 1 Zentimeter Länge und die purpurroten Stieldrüsen an den Kelchblatträndern. Für mich ganz klar die schönste Erfindung, seit es Johanniskräuter gibt.

Abteilung Attacke – das Sichel-Hasenohr (*Bupleurum falcatum*).

Aber nie mit dem Hammer kommt das ausdauernde, überwiegend nur 20 bis 80 Zentimeter hohe Sichel-Hasenohr daher. Dieser gelb blühende Doldenblütler macht das jedoch mit oft teppichartigen Beständen wett. Allerdings nur im Bergland, im Norden ist bereits am Braunschweiger Hügelland Schluss, und erstaunlicherweise wird nach Osten hin auch Sachsen schon nicht mehr erreicht. Lateinisch *falcatum* = sichelförmig gibt einen Hinweis auf tatsächlich etwas gebogene, nie symmetrische, bis 10 Zentimeter lange Blätter. Sie sind schön blaugrün, lanzettlich und vorne meist breiter als zur Basis. Diese kontrastreiche Schönheit steigert sich im Sommer noch, wenn oft massenhaft diese zierlichen, kaum 5 Zentimeter breiten Goldkanten, sprich vier- bis achtstrahligen Doppeldolden ausgefahren werden. Die Pflanze mit ihren dünnen, sich daher gerne mal hinlegenden Stängeln begnügt sich vergnügt mit trockeneren, nährstoffärmeren, sogar steinigen Böden. Nur sonnig warm und kalkreich muss es sein. Dann geht sie als Underdog auch mal in den lockeren Waldsaum, weiter innen wird sie schnell spiddelig und gibt das Blühen schließlich ganz auf. Wie bei so vielen Doldenblütlern sieht man auch beim Sichel-Hasenohr ständig irgendwelche Falter, Fliegen und Käfer darauf, ist also ein vielversprechender Insektenmagnet. Die Früchte sind breiter als beim Wiesen-Kümmel (siehe S. 120), ebenfalls kahl und ungeflügelt. Ob sie schmecken, entzieht sich allerdings meiner Kenntnis.

Hochwassergewöhnt – der Kantige Lauch (*Allium angulosum*).

Dass die Angelsachsen mitunter besonders eckige, gar sperrige Zeitgenossen aufweisen, dürfte allgemein bekannt sein. Heinrich VIII., Winston Churchill, Prinz Charles, Theresa May, der Fußballer Paul Gascoigne, Monty Python und die vielen schrägen Musiker von Oasis bis Queen will ich hier mal nennen. Von den Angelsachsen bis zum angulosen (= kantigen) Lauch ist es da nicht mehr weit. Obwohl es den auf der widerspenstigen Insel gar nicht gibt, zeichnen ihn ebenfalls sperrige, sogar mal in sich verdrehte, 20 bis 70 Zentimeter lange Stängel von gelbgrüner Farbe aus. Bis 15 Zentimeter lange Blätter befinden sich nur an der Basis und sind v-förmig gekielt. Oben an den Enden lassen einen zwischen Juli und September hellpurpurfarbene, etwas abgeflachte Blütendolden abfahren. Da können bis zu zwanzig Boller je Exemplar sein. Er scheint auch mit dem Strom zu schwimmen, denn man findet den attraktiven Lauch, der daher gar kein «Lauch» ist, fast nur in sogenannten Stromtälern: von Oberrhein, Bodensee, Donau, Main bis zur Oder und vor allem im gesamten Einflussgebiet der Elbe bis vor die Tore von Hamburg. Der Kantige Lauch ist demnach ein ausgewiesener Freund zünftiger Hochwässer, hier

Typ Draufgänger

fristet er auf grundfeuchten, gerne sommerlich auch trockeneren und erwärmten Auenböden sein Dasein. Das Krebsrote der Blütenköpfe verbindet ihn in der Sommersonne dann tatsächlich mit den Engländern, wie auch diese fabriziert er jedoch keine Brutzwiebeln.

Kühner Kletterer – das Berg-Laserkraut (*Laserpitium siler*). Als ein Felskletterer par excellence erweist sich das meist bis 1 Meter hohe Berg-Laserkraut, ein ausdrucksstarker, fast völlig kahler Doldenblütler der Alpen und ihrem unmittelbar angrenzenden Vorland. Derbe Grundblätter mit tütenartig verbreiterten und glatten Stängeln werden fast 1 Meter lang. Sie schwingen sich dann aber auf, rasch reduziert und blaugrün gefärbt an fein gerillten Stängeln. Die auch Bergkümmel oder Bergfenchel genannte Pflanze hat tatsächlich etwas von jenen Gewürzen, denn das Berg-Laserkraut riecht kräftig und besitzt auffallend flügelig geriefte Früchte. Will man an diese ausdauernde, mit einer Pfahlwurzel in Gesteinsritzen eindringende Pflanze kommen, muss man gut zu Fuß sein, am besten Affe oder Gämse. Ist man ihr nah, bemerkt man von Juni bis August außerdem noch breitlanzettliche Hüllen unter den Dolden und Hüllchen unter den Döldchen. Diese toll schneeweißen Doppeldolden werden bis 20 Zentimeter breit, besonders zierend sind auch die meist dreiteiligen, ganzrandigen Blattabschnitte mit hellem Knorpelsaum. Das stärkt enorm die Abwehrkräfte an ihrem nährstoffarmen Kalkstandort mit Hitze, Kälte, Trockenheit und Wind (Abrasion).

Das Berg-Laserkraut lasert den blanken Fels, öfter selbst getackert durch dicke Drähte am Steilhang.

Typ Narzisst

D ie narzisstische Persönlichkeit hat nur eine Person im Blick: sich selbst. Zwar wirkt sie zuerst ungemein sympathisch und hat Charme und Charisma, ist redegewandt, humorvoll und zieht die Aufmerksamkeit auf sich – aber das ist nur der Anfang, noch hat sie sich nicht enttarnt. Ein Narzisst ist laut des Psychiaters und Psychotherapeuten Borwin Bandelow jemand, der von der Anerkennung anderer lebt. All sein Streben ist darauf gerichtet, von anderen Menschen verehrt, angehimmelt und bejubelt zu werden. Phantasien von grenzenlosem Erfolg, überschäumender Verehrung, Liebe, Sex, Schönheit, Glamour und Macht beseelen ihn. Dafür tut er eine Menge, um wie magnetisch Blicke auf sich zu ziehen, baut eine Fassade auf, die jedoch verdammt hohl ist. Narzissten sind der Meinung, etwas Besonderes zu sein, entsprechend erwarten sie, gebührend bewundert zu werden. Wenn man ihnen die Sonderbehandlung nicht gewährt, ihre Show durchschaut, reagieren sie eingeschnappt, beleidigt oder gar aggressiv. Ihr übersteigertes Selbstbewusstsein hat eine Kränkung erfahren. Sie versuchen sich noch mehr gegenüber Kritik zu immunisieren, was bedeutet, dass sie sich immer weniger für andere Menschen interessieren und schon gar nicht für ihre Gefühle, rücksichtslos und kalt werden, nach noch mehr Dominanz streben. Mit dem Ergebnis, dass sie dann nicht länger charmant wirken, eher rastlos und ungeduldig.

Weil ein Narzisst stets eitel und selbstverliebt ist, verbringt er entsprechend viel Zeit vor dem Spiegel. Ihm macht es nichts aus, wenn

Millionen von Fernsehzuschauern ihn in dämlichen «Reality»-Shows beobachten, die von der Realität immer so weit entfernt sind wie die Erde vom Mond. Oder wenn sie sehen, wie er in gestellten Containern relaxt und viel bloße Haut zeigt (nur zum Fremdschämen). In Liebesbeziehungen macht ein Narzisst dann auch eindeutig klar, wer im Mittelpunkt steht – nur Partner sind ihm genehm, die seine Attraktivität bestätigen. Ein narzisstischer Charakter will ja nicht geliebt, sondern bei seiner Ich-Fixierung und seinem Geltungsdrang bewundert werden.

Und was können Pflanzen dafür, insbesondere die Narzisse?

In der griechischen Mythologie gab es den Jüngling Narkissos, der die Liebe der Bergnymphe Echo verschmähte, sodass sie ihn mit Selbstliebe bestrafte. Er war dann so vernarrt in sein eigenes Spiegelbild, dass er ständig in den Teich starren musste (ohne dabei zu wissen, dass er sich selbst sah). Ovid, der antike römische Dichter, erzählte dann die Geschichte weiter. Narkissos schmachtete vor sich hin, schließlich in der Erkenntnis, dass er hässlich sei, bis er eines Tages starb – und dann verwandelte er sich in eine wunderschöne Narzisse.

Und wenn ich so durch die Natur stiefele, dann kann ich nicht umhin, hin und wieder zu denken, dass die eine oder andere Pflanze arrogant wirkt, im Rampenlicht stehen will, ziemlich egoistisch auftritt, sich wie ein Prahlhans gebärdet, riesig, selbstgefällig und überheblich – wie bereits erwähnt, aber nur hin und wieder:

Instabil verspeist – die Gewöhnliche Seekanne (*Nymphoides peltata*). Viele kennen die Gelbe Teichrose, die Weiße Seerose und viele der eitlen rot bis rosa blühenden Kulturhybride in Gärten und draußen auf Fischteichen. Von denen soll hier aber nicht die Rede sein, wohl aber weiterhin von Schwimmblättern auf nährstoffreichem Wasser. Da bleibt fast nur noch die geschützte hochkarätige Gewöhnliche Seekanne übrig. Sie bildet, wird sie ausgesetzt, erstaunlich lange und ansehnliche Schwimmblattdecken aus. Aber wild in der Natur? Oje, ein dramatischer Rückgang dieser Schönheit ist zu konstatieren, da macht sie sich dünne und rar, ist stark instabil, die Phantasie eigener Größe wird brüchig. Fast alle natürlichen Vorkommen sind inzwischen verschwunden, das wird der Bisamratte und dem Nutria zugerechnet, was jedoch nur eine Vermutung ist (kann aber stimmen). Doch auch der Biber hat sich in den letzten Jahren wieder fleißig in Deutschlands Stromtälern ausgebreitet, der frisst ebenso nur Pflanzliches. Die Seekanne blüht Ende Juni bis August mit bis zu 4 Zentimeter breiten, goldgelben Blüten, ihre Blätter sind schildförmig und bis zu 6 Zentimeter breit, die Früchte schwimmfähig. Sie platzen aus Kapseln, den Kannen, und können im Gefieder von Wasservögeln verbreitet werden.

Neu entworfen – die Herbst-Zeitlose (*Colchicum autumnale*). Bei der Herbst-Zeitlosen hat man das Kuriosum, dass sie im Herbst blüht, dann völlig verschwindet und im Frühjahr des nachfolgenden Jahres wie aus dem Nichts kräftig fruchtende, völlig anders gestaltete Pflanzen an den Start bringt. So kann man Selbstverliebtheit auch interpretieren. Vor allem im Bergland, schon ab Ende August, sieht man diese hochgiftige Spezies, wie sie mit krokusartigen, rosavioletten Blüten auf eher feuchten Wiesen und Weiden, an Wegen oder in lichten Gebüschen leicht extravagant Flagge zeigt. Und das gar nicht mal so spärlich. 15 Zentimeter wird sie hoch, mehr schafft sie auch nicht, Blätter sucht man vergeblich (beim Krokus ist das anders), denn sie hat zu diesem Zeitpunkt erst eine unterentwickelte Knolle. Aber dann, über Winter, wenn sonst alles schläft, explodiert die Herbst-Zeitlose. Zunächst unter der Erde. Die Knolle, eine sogenannte Wechselknolle, wird prall und praller, um dann ab März zu kommen, mit bis zu 50 Zentimeter langen bärlauchartigen, dunkelgrünen, auffallend gefalteten, gewellten und steifen Blättern. Tief im Zentrum der Blattrosette entwickelt diese Herbst-Zeitlose dann einen bis 6 Zentimeter langen, zitronenartigen Fruchtstand aus. Es ist eine Kapsel, die tatsächlich noch ein paar vertrocknete Staubgefäße der Blüte vom Vorjahr enthält. Das ist wirklich der Gipfel, eine krautige Art, die zwei Kalenderjahre zu ihrer Entfaltung braucht, wo die Früchte im Juni kurz vor der erneuten Blüte erscheinen. Wo der Sohn vor dem Vater lebt. Die Blütenblätter sind am oberen Rand bootartig aufgestellt, die Staubgefäße gelb, die Blütenstiele weiß, und die am Ende klobige Knolle liegt im Frühling erstaunlich tief im Boden, wo sie auch gegen schwerere Weidetiere immun ist. Apropos immun, das Gift dieser Zauberpflanze, Colchicin, ist mit die giftigste Substanz im Pflanzenreich schlechthin. Schon ein Gramm der Samen kann für einen Menschen tödlich sein. Trotzdem verwendet man sie in der Homöopathie, gegen Gicht und Hauterkrankungen – alles halt nur eine Frage der Dosis.

154

Sorgsam gepflegte Erscheinung – die Sibirische Schwertlilie (*Iris sibiria*). Wahre Festspiele der Natur verspricht diese Noblesse, die bis 1 Meter hohe und immer im kompakt-knubbeligen Habitus erscheinende Sibirische Schwertlilie. Sie fällt durch eine erstaunlich kurze Blütezeit auf, nur im Mai / Juni, die Blüten sind ein Potpourri von Weiß, Gelb, Braun und einem dominanten Blass- bis Königsblau. Die Blätter sind schmal und frischgrün. Typisch für ihr Aufmerksamkeitssyndrom sind die bis zu 4 Zentimeter hohen, langlebigen, im Winter stets pechschwarzen Samenkapseln. Ich sah diese in Deutschland geschützte, stark gefährdete Gefallsüchtige bisher bei Hannover und im Wendland, am Bodensee soll es noch wahre Massen geben. Als florale Edelsteine sind sie ausschließlich auf die eigene Arterhaltung ausgerichtet.

Ein wenig eigennützig – das Blaue Schillergras (*Koeleria glauca*). Klar ist, dass Johann Christoph Friedrich von Schiller von 1759 bis 1805 lebte, in Marbach, im Württembergischen, geboren und 1802 geadelt wurde und Dramen wie *Die Räuber* oder *Kabale und Liebe* hinterlassen hat. Georg Ludwig Koeler lebte fast zur gleichen Zeit, von 1764 bis 1807, zur Welt kam er im nahen Stuttgart, wurde aber nie geadelt. Denn er war «nur» Mediziner, später Professor und zeitweilig bei den «Klubisten», wo er als jemand mit revolutionären Tendenzen galt. Nebenbei war Koeler Botaniker und machte sich vor allem um die vielen Süßgräser verdient, sein kurzes Leben endete, als er sich in Vertretung eines ausgefallenen Chefarztes während einer Grippe- und Typhusepidemie im Rheingau ansteckte und so leider auch verstarb. Das Blaue Schillergras verbinde ich immer mit beiden und erkenne dabei jedes Mal, was diese Koryphäen unter erheblich schlechteren Bedingungen als heute alles auf die Beine brachten. Das Gras zeigt sein volles Programm fast nur im Hochsommer, wenn es von Mai bis Juli bei dann geöffneten Rispen prächtig silbrig weiß in der Sonne schillert – sehr auf sein Äußeres bedacht. Das steht dann bei Sonnenschein und lauen Lüftchen gepaart mit Gesängen und Rufen von Feldlerche, Goldammer, Kranich, Kuckuck, Ortolan, Grasmücken- oder Rohrsängerarten im zauberhaften Kontrast zu seinen lauschigen Habitaten: Wärme- und Trockengebiete mit Sandmagerrasen, lückige Heiden und lichte Kiefernwälder. Dieses bis 60 Zentimeter hohe, in Deutschland durch Nährstoffeinträge besonders stark gefährdete Gras ist mit seinen bläulichen, nadelförmigen und rauen Blättern höchst wirksam gegen Wind und Trockenheit gewappnet. Es könnte in optimaler Lage vielleicht nicht ganz so alt werden wie Schiller, aber doch den gar nicht alten Koeler erreichen.

Auffallen um jeden Preis – der Blutrote Storchschnabel (*Geranium sanguineum*). Ich weiß ja nicht, wie rot Ihr Blut so ist, meins ist jedenfalls blutrot – wie üblich. Der Blutrote Storchschnabel nennt auffallend große, bis 4 Zentimeter breite, im Sonnenschein tellerartig geöffnete Blüten sein Eigen. Nur sind die nie blutrot, wirklich, beim besten Willen nicht, sondern stets purpurfarben, manchmal auch blassviolett bis allenfalls rosenrot. Und erstaunlich: Immer nur eine Blüte je Stiel steht Pate an Gebüsch-, Hecken- und Waldsäumen. Außerdem flüchtet sich dieser hübsch gefärbte Geranium mit seinen tief eingeschlitzten, kreisrunden, bis 5 Zentimeter breiten Blättern vor allzu großer Hitze in lichte Laub- und Mischwälder. Er ist eine Extraklasse, der auch mal bis 70 Zentimeter hoch werden kann und dann auffallend buschig wird. Vor der Hitze schützt sich die Pflanze auch durch starkbehaarte Stängel. Ein weitverzweigtes, tiefreichendes Wurzelsystem erschließt zudem tiefere Schichten und sorgt so für Präsenz und Vergnügen. Und ist es mal lange sehr trocken, um dann doch noch mal zu regnen, schiebt er nach, in bester Narzissten-Manier, und entwickelt noch ein paar wie immer auffallende Nachblüten.

Nicht ganz unbescheiden – die Eberesche (*Sorbus aucuparia*). Dieses Rosengewächs, auch als Vogelbeere bezeichnet, hat es vor allem mit Tieren zu tun. Wildschweine wie auch viele Vogelarten fressen die lackiert feuerroten Früchte, die in dichten Doldenrispen selbst in Städten an den 3 bis 15 Meter hohen, in der Landschaft oft mehrstämmigen Bäumen hängen. Aucuparia setzt sich aus lateinisch *avis* = Vogel und *capere* = fangen zusammen, die Beeren dienten früher beim Vogelfang als Lockmittel. Im Mai sind die weißen Blüten zu erkennen, im Herbst prunkt die Eberesche mit einer rötlichen Verfärbung der bis zu 20 Zentimeter langen, scharf gesägten, unpaarig gefiederten Blätter. Die Blüten riechen wegen des darin enthaltenen Trimethylamin unangenehm nach Fischdose. Das lockt neben vielen Bienen vor allem Fliegen und Käfer an. Weniger bekannt ist, dass die Beeren auch für den Menschen ungiftig sind. 200 bis 300 um 1 Zentimeter große, runde, Vitamin-C-reiche Beeren soll ein Fruchtstand tragen, zum Nachzählen hatte ich bisher noch keine Zeit. Sie werden zu Marmelade, Tee, für Vitaminpräparate und (zusammen mit Heilpflanzen und Wurzeln) im berühmten Likör Sechsämtertropfen verarbeitet. Ebereschen gelten als industriefest und relativ streusalzunempfindlich. Entsprechend breit sind sie aufgestellt auf mäßig bis ziemlich nährstoffreichen Lehm-, Sand- und Torfböden. Und was man bei allen Narzissten nicht vergessen sollte: Sosehr sie mit etwas prahlen, oft versteckt sich dahinter gerade das Gegenteil davon. Aber sie müssen so tun als ob, denn es ist ihre Methode, weiter vorwärtszukommen – das gilt eben auch für sehr viele Pflanzen.

Typ Nervensäge

Manche Menschen können einen zur Weißglut bringen: Die einen wissen immer alles besser, andere erzählen zum x-ten Mal denselben dämlichen Witz oder treten wieder und wieder breit, wie unverständlich es sei, warum der klasse Typ einen verlassen hat (wobei man selbst das nur zu gut nachvollziehen kann). Diese Personen verpesten das Klima, töten einem den letzten Nerv und können einem alle Sinne rauben.

Aber was genau ist es, was mich am anderen nervt? Und nerve ich vielleicht sogar selbst? Natürlich haben sich auch Wissenschaftler mit nervigen Persönlichkeiten auseinandergesetzt, Menschen, die «soziale Allergien» auslösen. Sie kamen auf vier Kategorien: Am meisten sollen Verhaltensweisen nerven, die anderen gegen den Strich gehen, etwa miese Tischmanieren, Marotten wie permanentes Nägelkauen oder ständiges Herumgefummel im Haar. Oder wenn sich jemand andauernd kleinmacht und sich als Angsthase zu erkennen gibt. Zweitens wird gar nicht goutiert, wenn jemand unaufmerksam ist (wenn ein Partner etwas Wichtiges erzählt und der andere dabei anfängt, seine E-Mails auf dem Handy zu checken). Drittens wird Aufdringlichkeit als nervig empfunden, keiner mag es, wenn er permanent Ratschläge bekommt oder sich eine fremde Meinung anhören muss. Oder wenn man, im Zug sitzend, mit anhören muss, welches Abendessen dem telefonierenden Nachbarn beim Heimkommen vorgesetzt wird. Und nicht zuletzt werden Regelverstöße als ärgerlich empfunden, wenn zum Beispiel ein Autofahrer auf dem

Fahrradweg parkt. All diese Dinge bringen einen auf die Palme, weil man bestimmte Erwartungen an Mitmenschen hat.

Zum Nerven gehören aber immer zwei, jemand, der nervt, und ein anderer, der sich nerven lässt. Und wie man selbst damit umgeht, hängt individuell von der eigenen Verfasstheit ab. Der eine hält eine Quasselstrippe aus, weil er fähig dazu ist, die Ohren zuzuklappen, ein anderer rastet schon aus, wenn der Quälgeist auch nur den Mund aufmacht. Da reicht dann ein einziges Wort, die kleinste Handlung. Bei vielen sieht es so aus: Sie ertragen die Landplagen eine Zeitlang, aber dann ist irgendwann Schluss, dann reicht es, dann haut man auf den Tisch – und fängt vielleicht selbst an zu nerven.

Die Quasselstrippen und die, die sich immer in den Vordergrund drängeln müssen, können einem wirklich auf den Keks gehen, aber letztlich sind sie harmlos. Doch nicht jeder Plagegeist ist es. Choleriker können wirkliche Kotzbrocken sein, und Intriganten können es schaffen, dass eine Situation eskaliert.

So schlimm sieht es in der Pflanzenwelt nicht aus, zumal hier niemand spricht oder gar widerspricht. Aber es gibt immer einige Exemplare, die ziemlich rücksichtslos vorgehen und Strategien entwickelt haben, die andere bedenkenlos plattmachen. Es sind so richtige Querulanten, Quertreiber, Quälgeister, da fliegen auch mal die Fetzen. Getriebene, die sofort wittern, wo sie anderen auf den Geist beziehungsweise auf den Stängel gehen können. Es sind richtige Dickschädel, die auch dort siegesgewiss wachsen, wo andere längst die Faxen dicke haben. Und natürlich empfinde auch ich als Mensch manche Arten als verdammt nervig. Wie gesagt, zum Nerven gehören immer zwei, das ist keine einseitige Angelegenheit:

Gewiefter Plagegeist – das Kletten-Labkraut (*Galium aparine*). Wohl jeder hat sich nach langen oder auch kurzen Spaziergängen so kleine Kügelchen von Socken, Schnürbändern oder Hosenbeinen abgepult, wenn es mal querbeet ging. Echt nervig, sie heften sich an einen wie Maklertypen oder Versicherungsvertreter, ein pflanzlicher Kläffer! Halte ich bei Führungen alte oder noch grüne Vorhänge hoch, heißt es gleich: «Klette!» Eigentlich nicht schlecht, aber dann doch falsch – es ist das Kletten-Labkraut. Und zwischen der Klette und dem Kletten-Labkraut liegen Welten. Kletten sind Korbblütler, das Kletten-Labkraut dagegen ist mit dem Waldmeister verwandt, das sind sogenannte Krappgewächse (*Rubiaceae*). Schon im Januar beginnt das Kletten-Labkraut wie verrückt zu treiben, am liebsten im Geheimen, unter dem Schnee oder zwischen Sträuchern, alten Brennnesselherden oder in Pflanzbeeten. Richtig gemein, weil man als Gartenbesitzer dann meint, man hätte in dieser Jahreszeit endlich Feierabend da draußen. Zu erkennen ist das Labkraut an quirlig angeordneten hellgrünen Blättern, die sich an dünnen Sprossen nach oben schieben – sie stützen sich auf andere Gewächse auf. Wie hellgrüne Flammen, die hochlodern, sieht das aus. Tut man jetzt aber nichts, hat man ab Mitte Mai den Salat – und das sprichwörtlich. Denn man könnte das Kraut in dieser Zeit noch essen oder zu Tee verarbeiten. Später kann man nur noch mit der Forke diese Gespinste abziehen, aber bloß nicht zu spät. Ganz schnell ist alles nämlich vertrocknet, und dann regnen die Kügelchen ab, die gesamte Nachkommenschaft. Diese Art ist nämlich einjährig, braucht Nährstoffe und wird heutzutage schon genügend aus der Luft belie-

Typ Nervensäge

fert. Dagegen kann man nichts tun, am besten, man greift im März an einem sonnigen Tag zur Hacke und zieht einmal richtig den Oberboden durch. Das überlebt diese Art dann garantiert nicht! Wer hat aber dazu überhaupt Lust? Darauf setzt diese stark zunehmende Pflanze, auf unsere Vergesslichkeit, auf unsere fehlende Aufmerksamkeit. Mich erinnert diese Pflanze an Donald Trump, von dem man zunächst auch kaum etwas wusste und den man zu Anfang seiner Präsidentschaftsbewerbung auf die leichte Schulter nahm. Und dann ging es richtig los – alles überzog er, es gab fast kein anderes Thema mehr. Und am Ende kommen da dann auch so widerborstige Kügelchen heraus, lächerlich, sehr viel kleiner als seine heißgeliebten Golfbälle. Und jedes Mal muss man von vorne beginnen, wieder diese zaghaften Triebe im dichten Gestrüpp und Geäst entsorgen, wie mühsam. Nichts als eine Mauer. Neue Arbeitsplätze, mehr Frieden und Verständigung in der Welt, gerechtere Verteilung von Gewinnen und Verlusten, selbst «jene Mauer» – Fehlanzeige. Trump wütet da ganz nach Kletten-Labkraut-Art.

Was noch mehr nervt – der Dreiteilige Zweizahn (*Bidens tripartita*). Wer viel draußen unterwegs ist, wer Kletten- und Kletten-Labkraut-Anhaftphasen gut überstanden hat, macht im Herbst dann mit einer weiteren Wildpflanze Bekanntschaft, am eigenen Körper, sozusagen spielend, en passant: mit dem Dreiteiligen Zweizahn. Dann bleiben an Jacken (Zweizähne können über 1,5 Meter hoch werden), an Socken und an den Schuhen diese flachen und pieksigen Früchte hängen. Schokoladenbraun bis schwarz sind sie am Ende und gar nicht so leicht auszumachen. Man spürt sie eher, als dass man sie sieht: Es juckt, es kratzt, es piekt. Die Früchte muss man schließlich mühsam herausziehen, denn mit zwei bis drei widerhakigen Enden klammern sie sich ins Textil. Das kann schon mal geschlagene fünfzehn Minuten dauern, viel wertvolle Zeit für Angler, Hundebesitzer, einfache Wanderer oder mich als Vollblut-Botaniker. Macht man es an Ort und Stelle, schleppt man wenigstens nichts zu Hause an. Sonst hat man sie womöglich am eigenen Gartenteich. Bis in den August hinein sehen diese kreativen Zweizahn-Arten ganz unschuldig aus, auch noch im September. Dann aber geht es los auf nährstoffreichen, feuchten bis nassen Standorten. Also aufgepasst, auch Pflanzen beißen in Form von zwei Zähnen zu!

Ein echter Nerd – das Kleinblütige Franzosenkraut (*Galinsoga parviflora*). Von einem besonderen Kaliber ist das einjährige, bis 70 Zentimeter hohe, frostempfindliche und äußerst fleißige Blühlieschen, das Kleinblütige Franzosenkraut. Noch vor hundert Jahren war es so gehasst wie der Erzfeind Frankreich und polizeilich meldepflichtig, daher dieser Name! Es kursieren aber noch weitere Versionen über die Heimat des Krauts. Eine besagt, dass dieses «Unkraut» aus Gebirgen Südamerikas, genauer aus Peru, ausgebüxt ist. Manche halten die Botanischen Gärten in Deutschland für die Übeltäter, jenen in Bremen-Vegesack (1798, bei mir gleich nebenan), in Berlin (1812) und in Erlangen (1821). Weiterhin gibt es die Vermutung, dass die Pflanze mit der Einführung der Kartoffel in Preußen als unfreiwilliges Beikraut mit eingebracht wurde. Und es gibt noch diese Sache mit dem Pfarrer George Gotthilf Jacob Homann aus Budow bei Köslin in Westpommern. Sein Bruder Karl Homann, Stadt- und Kreisphysikus in Oranienburg bei Berlin, soll ihm vor 1807 ein paar Samen aus dem Botanischen Garten in Berlin geschickt haben, zum Geburtstag. 1807 sammelte der Pfarrer eine Pflanze aus seinen Pfarrgärten für sein Herbarium und beachtete den Bestand nicht mehr, bis ein Konfirmand berichtete, diese Art sei inzwischen über Nachbargärten, über eine Landstraße und einen Acker hinweg zu finden. 1818 las Homann über *Galinsoga*-Funde im noch weiter abseitigen Ostpreußen, aufgezeichnet von einem Apotheker namens Kugelmann, ebenfalls von 1807. Homann wähnte dies, nachdem die Franzosen über Vorpommern hinweggezogen waren, als Fortgang der Art von Budow bis nach Osterode in Ostpreußen (irrtümlich auch gedeutet als Erstnachweis bei Osterode, am Harz in Niedersachsen) und diskutierte mit dem befreundeten Apotheker Drake in der Kreisstadt Stolp scherzhaft den Namen «Franzosen-Unkraut». Der berühmte Berliner Botaniker Paul Friedrich August Ascherson, Begründer des Botanischen Gartens in Berlin-Dahlem und des Naturwissenschaftlichen Vereins zu Berlin-Brandenburg, verneinte die Theorie, dass die Franzosen selbst von Berlin aus diese Art nach Preußen eingeschleppt hätten. Pfarrer Homann jedenfalls «belieferte» auch weitere Freunde in Greifswald, Stettin, Groß-Nossin und Belgard mit «seinen» Franzosenkraut-Samen. Die lateinische Namensgebung erfolgte aber schon vorher in Spanien, Ignacio Mariano Martínez de Galinsoga war Gärtner und Leibarzt am spanischen Hof im 17. Jahrhundert. Ich selbst war bei keinem Ereignis mit dabei, drum dürfen Sie sich hier die beste Geschichte zur Nervensäge aussuchen! Ich nerve auch nicht mehr.

Zum Verzweifeln – der Violette Dingel (*Limodorum abortivum*). Diese sehr spezielle Orchidee mit sonderbarem Äußeren ernährt sich von Pilzen. Gertenschlank ist sie, wird bis zu 80 Zentimeter lang und ist eine fast chlorophyllfreie Erfindung. Sie blüht von Mai bis Juli violett und bevölkert als westeuropäisch-mediterrane Art nur einen ganz schmalen Streifen Südwest-Deutschlands. So findet man sie in Rheinland-Pfalz an der Mosel und an der Sauer sowie in Baden auf und um den Kaiserstuhl. In lichten Gebüschen, Kiefern- und Laubwäldern. Und nun bekomme ich endlich die Kurve, frei nach dem Motto: «Die Geister, die ich rief, die werd ich nicht mehr los!» Nach keinem Geringeren als Johann Wolfgang von Goethe in seiner Ballade «Der Zauberlehrling». So soll ausgerechnet dieser nicht weltfremde, aber eben doch niedersachsenferne Dingel 1932 bei Osnabrück gefunden worden sein, was gleich danach von allen Experten angezweifelt wurde. Gefunden wurde er von einem in der damaligen Botanikerszene völlig unbekannten Geschäftsmann. Er präsentierte und demonstrierte diese absolute Rakete wohl deshalb auch nicht dem damaligen überregional bekannten Osnabrücker Botanikerpapst Karl Koch, sondern «parkte» die Pflanze einfach im entfernten Oldenburg. Oldenburg hat mit dem Violetten Dingel so viel zu tun wie der Äquator mit dem Südpol. Und das Tollste – es gibt keinen einzigen Beleg, kein Foto, keine Gewährsperson. Die Art war wie vom Erdboden verschluckt. Niemand hat jemals diese hier völlig unmögliche Orchidee gesehen, so viele auch aufopferungsvoll und fieberhaft danach suchten. Ein Märchen, eine Unmöglichkeit, eine höchst ärgerliche Botanik-Fake-News. Und das schon vor fast hundert Jahren. Auch wenn dies später ein Professor einfach nicht wahrhaben wollte und jene violette Fata Morgana dann plötzlich im Jahr 2003 sogar auf den Schild hob – ohne Grund, ohne Beweise, ohne neuere Erkenntnisse, so blutleer wie diese Orchidee selbst. Da kann ich wettern und gegenargumentieren, solche Geister wird man nie wieder los! Also, dieser Violette Dingel, den ich auf Mallorca selbst leibhaftig sah, hatte hier in Norddeutschland noch nie etwas zu suchen – es ist einfach viel zu kalt hier, und im Boden ist viel zu wenig Kalk. Das sind so Legenden, die mich richtig nerven.

Randalierende Landplage – die Gewöhnliche Hühnerhirse (*Echinochloa crus-galli*). Wer sich in den ausgedehnten Maiswüsten Deutschlands, entstanden vor allem in den letzten zwanzig, dreißig Jahren, mal genauer umsieht, der wird sofort auf dieses bis 2 Meter hohe Gras stoßen. Die Gewöhnliche Hühnerhirse ist ein Düngerjunkie vor dem Herrn. Rümpfen wir vor dem Güllegestank die Nase, blüht sie erst richtig auf. Ursprünglich war sie nur auf durchlässigem Sand zu Hause, inzwischen hat dieses vor allem im Herbst auffallende Süßgras mit dunkelbraunen, knubbeligen Rispen längst die Rübenfelder, Fluss- und Teichufer, Bahnhöfe, Häfen, Höfe, Lagerplätze, Sandgruben und, versteckt im Vogelfutter, auch unsere Gärten erobert. Die Hühnerhirse, ein agil-geschäftiger, fast unverschämter Kosmopolit. Noch nie war sie mein Favorit, nun

arbeitet sie weiter an ihrem schlechten Image: Die Pflanze steht für die gnadenlose Überdüngung unserer landwirtschaftlichen Nutzflächen, für Maismonokulturen und unsinnige Biogasanlagen, denn wir ertrinken in Energie- und Futtermittelgewinnung. Nur um immer noch mehr auszuführen, andere durch (billige) Masse zu unterdrücken und Märkte in Afrika und sonst wo zu vernichten. Auch wenn ich dafür schon Hunderte Hass-E-Mails und sogar Todesdrohungen bekommen habe, sie ist ein überaus expansives, aussamungsfreudiges, unvorteilhaftes Gras. Überflüssig wie *Dschungelcamp*, Eichenprozessionsspinner, Fuchsbandwürmer, Monsanto, *Shopping Queen*, Snowboard-Buckelpistenrennen und Zecken.

Langweilig ohne Ende – das Gewöhnliche Hornkraut (*Cerastium holosteoides*). Was für ein Miesepeter! Das beginnt bei diesem Hornkraut jedoch nicht bei den Blüten, die sind bei ihm ganz ansehnlich. Von März bis Juli sind die weißen, geöffnet bis 1 Zentimeter breiten Blüten mit den fünf mittig kurz eingeschnittenen Blütenblättern zu erkennen. Hier ist noch alles eher harmlos. Doch dann strecken sich die Pflanzen zur zweiten Vegetationsperiode, werden lang und länger, dieser Nelkenblütler wächst über sich und andere fruchtend hinaus. Dann kommt geflissentlich der Haus- und Gartenfreund mit Kelle und Spaten und sticht das verblichene Hornkraut aus. Passiert das nicht rechtzeitig, versamt er die ausdauernde Pflanze, der Boden ist jetzt entblößt und wirkt wie ein gemachtes Nest für das nächste Jahr. Durch unsere ständigen Bodenverschleppungen, auch Aufbringungen von Kompost und Rindenmulch auf Pflanzflächen hofieren wir dieses Gewöhnliche Hornkraut, es wird seitdem nur noch gewöhnlicher. Zurück bleiben wenig reizvolle Kahlstellen. Intensives Mähen stärkt den Rasen und unterbindet diesen krampfigen, leicht einschläfernden Störenfried von ganz allein. Und auch vor vermoosten Blumen- und Strauchbeeten, selbst vor alten Balkonkästen macht dieser unnachahmlich-unnachgiebige Nervling nicht halt.

Typ Neubürger

Bei dem Wort «Neubürger» fällt mir unwillkürlich die Zuwanderung ein, die Zuwanderung von Menschen gerade in den letzten Jahren, die nicht nur in Deutschland zu teilweise heftigen Reaktionen geführt hat. Dies äußert sich in der Gründung neuer Parteien, in Wahlentscheidungen, besitzt Sprengkraft, weil es den Aufstieg populistischer Denkweisen begünstigt. Angst geht um, und wo Angst herrscht, das haben Persönlichkeitsforscher herausgefunden, ist Hysterie nicht weit.

Vieles liegt darin begründet, dass Deutschland kein Einwanderungsland ist. Der Begriff «Gastarbeiter» ist nicht mehr in unserem Sprachgebrauch, doch die Haltung, die mit ihm einst verbunden war, als man Arbeitskräfte für das «Wirtschaftswunder» Bundesrepublik anwarb, ist immer noch existent. 1955 wurde das erste Anwerbeabkommen mit Italien abgeschlossen, was hieß, Italiener sollten herkommen, auch arbeiten dürfen, letztlich aber nicht weiter auffallen. Und am Ende sollten sie wieder gehen. Die fremden Arbeitskräfte, die auch aus Portugal, Griechenland und schließlich der Türkei kamen, sollten nicht dauerhaft bleiben. Das sahen die Deutschen so, aber auch die Gastarbeiter selbst. Integration erschien nicht als notwendig. Das wurde erst anders, als die zweite und dritte Generation der ausländischen Arbeitskräfte langsam in Deutschland sesshaft wurde. Nach wie vor ist noch die Mehrheitsmeinung zu spüren: Wir wollen die Fremden hier nicht, die sollen wieder gehen. Und wenn sie schon hierbleiben, dann sollen sie so werden wie wir. Sollen genauso pünktlich sein wie wir, das Gleiche essen und schon gar nicht einer anderen Religion angehören. Italiener, okay, in Gottes Namen, das sind ja Christen wie wir. Aber Syrer, Afghanen, Iraker, diese islamisch geprägten Menschen … Oder aus Afrika …

In der Pflanzenwelt sind Zugewanderte selbst daher nicht unbekannt, waren es noch nie! Sie sind alle keine Flüchtlinge, eher Eingeschleppte, Handlungsreisende, Kosmopoliten, Weltenbummler. Wissenschaftlich werden sie Neophyten genannt, also Pflanzen, die bei uns in Mitteleuropa erst nach der Entdeckung Amerikas 1492 Fuß fassten. Und von ihnen, den Gebietsfremden, gibt es immer mehr. Manche von ihnen wurden als Nutzpflanzen eingeführt, wie Mais und Kartoffel, andere als Forst- oder Zierpflanzen für Botanische Gärten. Fremdartige Pflanzen gelangen aber auch immer wieder durch sorglos weggeworfene Gartenabfälle oder durch Mähgut in die Natur. Da gibt es auch Pflanzen, die richtig eingebürgert sind, andere, die eher eine gewisse unbeständige Tendenz aufweisen. Letztere sind zum Beispiel Gewöhnliche Ringelblume oder Sonnenblume. Mögen diese wie die Italiener akzeptiert sein, weil man manchmal eben doch Kalbshaxe und Kohlroulade satthat und gern Pizza und Panna cotta verspeist. Oder Mais und Sonnenblumenöl.

Aber auch pflanzliche «Gastarbeiter» holte man ins Land, ohne die Konsequenzen zu bedenken. So wurde vor Jahren der Riesen-Bärenklau als Futter- und Imkerpflanze nach Bayern importiert – jetzt hat man halt den Salat. Wie das Indische Springkraut und andere Neophyten breitet sich die Pflanze unkontrolliert aus und verdrängt auch mal heimische Arten.

Ebenso kaum zu bremsen ist etwa der aus Asien fröhlich über Verpackungskisten eingewanderte Japanische Staudenknöterich, der eine enorme Wuchsleistung von bis zu 25 Zentimetern pro Tag hat. Macht er sich breit, fehlt es anderen Pflanzen schnell an Platz und Licht. Ein einziges angeschwemmtes Wurzelstück reicht aus – schon bald sind ganze Uferstreifen und Brachen zugewachsen. Einfaches Abmähen hilft da nicht mehr: Bis zu zwei Meter tief stecken die Rhizome in der Erde. Da muss der Mensch eigentlich mit Baggern anrücken, um der Plage Herr zu werden. Was vergeblich ist!

Solche Wuchsgenies bilden aber die Ausnahme. Letztlich geht es in der humanen wie in der floralen Gesellschaft darum, Vielfalt als Bereicherung zu betrachten. Wer Mauern um sich baut, wird sich einengen und kaum weiterentwickeln können:

Migrant auf Märkten – der Pyrenäen-Storchschnabel (*Geranium pyrenaicum*). In meinem Wohnort Bremen gibt es Marktplätze, große und kleine. Einer der kleinsten überhaupt liegt citynah im Hulsbergviertel, unweit vom Bremer Weserstadion.

Noch vor tausend Jahren war hier morastiges (Un-)Land, die Straße «Bei den drei Pfählen» legt davon Zeugnis ab. Auf dem Luise-Koch-Platz (Luise Koch war eine Widerstandskämpferin zur Zeit der Nationalsozialisten) wird dienstags und freitags ein kleiner Markt abgehalten, ab und zu gehen wir, meine Freundin Steffi und ich, dorthin. Nun gibt es ja muffelige Marktbeschicker, ewig frierende Frauen hinter ihren Auslagen und stets gutgelaunte Typen mit Marktschreierattitüde. So einer bedient auch immer an einem ellenlangen Obst- und Gemüsestand, ein lebensfroher, lustiger Türke, bestes Deutsch sprechend, Steffi hat für ihn jedes Mal einen ordentlichen Zettel auf Lager. Dieser Mann spricht seine Kunden direkt an, *Kundinnen* trifft

173

es da aber viel besser, ein Charmeur. Bevor wir bei ihm einkaufen wollten, hatten wir uns vorgenommen, zuvor noch ein, zwei andere Dinge zu besorgen. Ich rief ihm laut zu: «Wir sind sowieso nur wegen Sie hier!» Ganz überzeugt von mir, ganz nach Feder-Art! «Ihnen!» schallte es von ihm zurück, mit fröhlichem Gelächter. Ich wurde ganz kleinlaut, lief rot an, schnell sah ich zu, alle Besorgungen zu erledigen und mich vom Acker zu machen. Bis heute ist «Sie / Ihnen» zwischen Steffi und mir ein Running Gag. Aber auch sonst ist dieser Marktplatz höchst international, ein wahres Neophyten-Eldorado. Vieles zwischen Spanien und der Türkei kreucht und kreuzt hier auf, und noch von viel weiter her. Dillenius-Sauerklee und Schmalblättriger Doppelsame aus dem Mittelmeergebiet, Grünähriger Amarant und Kanadisches Berufkraut aus Nordamerika, Graukresse aus Polen und auch der Pyrenäen-Storchschnabel aus Südwesteuropa schlägt hier auf. Nicht dass der freundliche Marktbeschicker den kennen würde, obwohl: Letzterer gedeiht sogar unmittelbar hinter seinem Grün-Stand. Die Pflanze hatte mein Malheur gar nicht mitbekommen, obwohl sie gerade blühte und mit bis zu 75 Zentimeter Höhe zu den größeren Storchschnäbeln zählt. Ganz runde Blätter hat er, weich sind sie, wie ein Pfirsich vom Stand; er blüht bis Oktober in Violett. Wohl selbst noch mit einem violettblauen Auge davongekommen, glaubte, besser hoffte ich, jener Obst- und Gemüse-Einpeitscher würde mich nie wiedererkennen.

Eingeschleppter asiatischer Riese – der Sachalin-Staudenknöterich (*Fallopia sachalinensis*).

Aus dem fernen Ostasien frisch auf den Tisch, das sollte man beim bis zu 4 Meter hohen Sachalin-Staudenknöterich ruhig wörtlich nehmen. Die jungen Austriebe im April bis Anfang Mai kann man wie Rhabarber oder Spinat kochen, das ist eine saure und extrem vitaminreiche Angelegenheit. Oder man stopft die innen hohlen Jungsprossen mit Käse oder Mett aus, und dann geht es ab in den Ofen. Das Tollste aber sind seine Blätter! Wir haben es hier mal wieder mit einem Radikalinski und Rustikalinski zu tun, einem plantaren Unhold. Er ist ein unerschütterlicher Stratege, alles andere als ein Duckmäuser an Gräben-, Straßen- und Waldrändern, auf Brach- und Lagerplätzen. Die Blätter können bis 1 Meter lang werden, sind eiförmig, vorne zugespitzt und unten herzförmig ausgebuchtet. Trotz seiner imposanten Größe fällt diese Pflanze vor allem im Herbst auf, dann blüht sie an kaskadenartigen Gebilden, und die Riesenblätter verfärben sich goldgelb. Nur Früh- oder Spätfröste lassen dieses Knöterichmonster in sich zusammensacken, aber nur für kurze Zeit. Rasch erholt er sich wieder, wenn nicht im selben, dann eben im nächsten Jahr.

Wanderlustiger Geselle – das Kap-Springkraut (*Impatiens capensis*). Die Capensis ist ein ungewöhnlich artenreiches Florengebiet, es liegt in Südafrika, um Kapstadt und das Kap der Guten Hoffnung herum. Hier herrscht teilweise Mittelmeervegetation, aus diesem Grund befinden sich auch bereits viele Neueinwanderer im Mittelmeerraum, etwa auf Mallorca. Und eine aufgedonnerte Art davon hat es sogar bis zu uns geschafft, das Kap-Springkraut. Es heißt auch Orangefarbenes Springkraut und beeindruckt demzufolge mit bis zu 3 Zentimeter langen und 3 Zentimeter breiten Blüten, immer in hängender Stellung. Im Herbst fliegen katapultartig seine Samen bis zu 2 Meter weit, ganz lautlos. Die 20 bis 60 Zentimeter hohe, stark verzweigte Pflanze blüht von Juli bis Oktober, ich sah sie bisher nur am Wesel-Datteln-Kanal. Dieser Kanal verbindet den Rhein mit dem Dortmund-Ems-Kanal. Warum er dann später Datteln-Hamm-Kanal heißt und nicht durchgehend Wesel-Hamm-Kanal, bleibt für immer ein Geheimnis der Kanalbauer beziehungsweise deren Namengeber. Keiner käme doch auf die Idee, den Mittellandkanal in Bramsche-Bad-Essen-Kanal, Bad-Essen-Minden-Kanal, Minden-Hannover-Kanal oder Burg-Berlin-Kanal zu zerstückeln! Eigenartige «Blüten» sind das, so eigenartig wie dieses hundertfache Vorkommen des Kap-Springkrauts am so gar nicht fernen Wesel-Datteln-Kanal.

Minutiös-mafiös – die Zierliche Wasserlinse (*Lemna minuta*). Linsen auf dem Teller und Linsen im Topf sind eine einfache Sache, nicht aber die Wasserlinsen draußen im Gelände, genauer gesagt auf meist nährstoffreichem Wasser von Flüssen, Gräben, Pfützen, Seen und Teichen. Da gibt es große und kleine, eine Art ist auch zerteilt und treibt eher unter Wasser. Kompliziert wird es, wenn in der Zwischenzeit, etwa durch die Globalisierung auch unter den Wasservögeln, neue Wasserlinsen bei uns einwandern. Sie flüchten aber nicht, sie haften einfach an Gefieder und Füßen. Vor noch wenigen Jahrzehnten war daher klar: dominant und schwimmend ist die Kleine Wasserlinse, die größere

176

auf Seen und Teichen ist die unterseits weinrote Vielwurzlige Teichlinse, und schwebend erkennt man die Dreifurchige Wasserlinse. Fast unbemerkt hat sich bei uns jedoch eine weitere Wasserlinsen-Art eingeschlichen, die Zierliche Wasserlinse. Mafiös könnte man auch sagen, denn wo man sie jetzt hat, beherrscht sie die ganze Wasserfläche. Und dies vor allem im Herbst, wenn andere Linsen längst wieder abgetaucht sind und auf das nächste Jahr warten. Die Zierliche Wasserlinse benötigt wie fast alle Linsen reichlich Nährstoffe, verträgt aber besser Halbschatten und offensichtlich auch Laubeinfall umgebender Gehölze. Wo die Kleine Wasserlinse mit nur 5 Millimeter Länge schon wirklich klein ist, da wird sie von der noch zierlicheren Zierlichen Wasserlinse mit nur 2 bis 3 Millimeter deutlich unterboten. Letztere ist auch etwas heller grün, leicht transparent, mit einem feinen Mittelstrich auf der Oberseite gekielt. Sie stammt aus Nordamerika und hält sich bei uns seit 1968 auf.

Gelungene Integration – das Japanische Liebesgras (*Eragrostis multicaulis*). Dieses Süßgras ist ein angenehmer, wenn auch unscheinbarer Zeitgenosse von höchstens 25 Zentimeter Höhe. Es bummelte aus Ostasien nach Europa, nach Deutschland ist es über die Niederlande eingereist, natürlich ganz ohne Pass. Es ist ein salzliebender Partisan, ein Stadtguerillero mit Nährstoffansprüchen, es verkörpert die Leichtigkeit des Seins. Im Windschatten von Riesen wie dem Götterbaum oder der Goldrute hat es alle anderen Neubürger hierzulande zahlenmäßig unbemerkt überholt. Keine neue Pflanze ist in Deutschland je erfolgreicher zu Werke gegangen als dieser Zärtling Japanisches

Liebesgras mit seinen schieferfarbenen bis ölig-oliv glänzenden Ährchen. Egal ob Fahrzeuge ihn plätten, Kehrmaschinen kommen, Nachbarn die Taschenmesser zücken – perfekt getarnt durch sein spätes Austreiben ab Juni und sein wenig aufregendes Wesen wächst er an Bordsteinen, in Hauseinfahrten und Plattenritzen, um Bahnhöfe und Häfen. Fortwährend protegiert durch Nährstoffe, Staub, Tritt und von Tausalzgaben. Ich erkannte das Gras jetzt erstmals auch auf Mallorca, gleich an Palmas Kathedrale, anscheinend ist es eine Art mit fortlaufend-nachlaufendem Charakter.

Auf den allerletzten Drücker – das Ramtillkraut (*Guizotia abyssinica*). Eigentlich ist Bremen eine Hochburg vom Ramtillkraut – doch was hat diese Stadt nun mit Äthiopien (Abessinien) zu tun? Das müsste noch geklärt werden. Mit Hängen und Würgen, mit Ach und Krach – das alles ließe sich zu diesem bis 2 Meter hohen und erst im Oktober / November blühenden Teil sagen. Auf den letzten Drücker schiebt es noch bis zu 4 Zentimeter große, flachscheibige, goldgelbe Blüten heraus, mit acht bis zehn länglich-eiförmigen, vorne dreispitzigen Blättern. Niemand konnte sich einen Reim auf diese auch Gingellikraut und Nigersaat genannte Art machen. Das ist jetzt anders geworden, und diese Pflanze schickte sich an, sich nicht nur um eine uralte Vogelfutterfabrik im alten Getreidehafen von Bremen einzujustieren – mitgereist als blinder Passagier unter Vogelfutter aus Äthiopien. Sie macht vielmehr munter weiter

Typ Neubürger

an Straßenrändern, auf Pflasterflächen sowie benachbarten Werkgleisen. Nach langer Durststrecke (wegen inzwischen nachlassender Fröste) kommt das Ramtillkraut in den letzten Jahren nämlich regelmäßig zur Blüte. Mit dem Pflanzennamen *Guizotia* wird der französische Historiker und Politiker François Guizot (1787 bis 1874) geehrt. Das Kraut ist eine Heil- und Nutzpflanze, die heute auch in Indien, in den Himalaya-Staaten, in Nordamerika und auch in Westafrika kultiviert wird.

Typ Neubürger

16

Typ Bombastic

Bei manchen Menschen gehört das Pompöse, das Aufgeblasene und Bombastische zur Grundausstattung dazu wie die Klimaanlage zum Mercedes. Alles ist erlaubt, nur auf irgendeine Weise schrill muss es sein, Hauptsache, man schockiert mit dem eigenen Auftritt. Da können die Federboas nur so herumwirbeln, der gesamte Körper mit Tattoos überzogen sein, die Klamotten eigenwillig, die Frisur bizarr, mit manchmal befremdlichen Kolorierungen. Diesen enormen Gestaltungswillen, besser diese Geltungssucht, hat einmal die Erbin Gloria von Thurn und Taxis hinreichend demonstriert. Sie präsentierte sich in der Vergangenheit als Adelsdame (ein Hauch Rouge über weißem *fond de teint*), als Punk (Frisur à la Wahnsinn), als Mutter (dezent visagiert), als Domina (Lippenwülste in Jodfarbe) und als Ethno-Wesen (wahlweise indisch oder asiatisch). Erstaunlicherweise trägt sie jedoch seit längerem kontinuierlich Biederfrau. Aber auch Boy George, David Bowie oder Marilyn Manson gehör(t)en in diese Kategorie der Exzentrischen.

Auf «normale» Menschen wirken die pompösen Persönlichkeiten oft arrogant überheblich, fast ein wenig pampig. Sie versuchen gar nicht erst, einen positiven Eindruck zu hinterlassen, es ist ihnen egal, ob andere Menschen sie für glaubhaft und ehrlich halten. Wie die Narzissten zeichnet auch sie eine ausgeprägte Selbstverliebtheit aus, sie sind unfähig zur Selbstkritik. Nicht selten erzählen sie ohne Not Lügengeschichten, nur um des Lügens willen. Man weiß dann oft nicht, welche Strategien sie mit den Schwindeleien verfolgen. Vielleicht wissen sie es sogar selbst nicht so genau. Man könnte den Eindruck gewinnen, dass sie damit eine Art Machtspiel betreiben. Kommt die Lügengeschichte dann ans Tageslicht, weil sie zu offensichtlich war, würden andere vor Scham in den Boden versinken, nicht so die pompöse Persönlichkeit. Ihr ist nichts peinlich, sie findet es völlig selbstverständlich, sich in Widersprüche zu verstricken. Und fühlt sie sich doch mal in die Enge getrieben und kann ihre Emotionen nicht mehr kontrollieren, dann zerschlägt sie im wahrsten Sinne des Wortes Porzellan.

Dennoch finden viele Menschen solche Personen sehr anziehend, eben wie Pompon-Dahlien. Sie können sich in die Herzen von Massen einnisten, empfangen viel Bewunderung. Das tun auch Pflanzen, die sich kolossal aufblasen und recht barock des Weges daherkommen. Allein durch ihre Größe wirken sie nicht unscheinbar, sondern majestätisch. Oder sie produzieren Blüten, die so eindrucksvoll und großartig sind, dass automatisch ein Bling-Bling-Effekt eintritt. Manche haben imposante Blütenstände oder eine ungeheure Leuchtkraft. Kein Wunder, dass sie bei Gartenbesitzern Begehrlichkeiten wecken, nur zu gern hätte man es, dass diese spektakulären Wildpflanzen im eigenen Grund und Boden wachsen. Vielleicht geht dann von deren Grandiosität auch etwas auf die eigene Person über:

Großspurig – der Große Ehrenpreis (*Veronica teucrium*). Ob nun Karl der Große von besonderer Körpergröße war, ist mir bisher verborgen geblieben. Die Preußen um den Großen Kurfürsten und Friedrich der Große standen zumindest auf große Kerle für ihre Armeen, und *Der große Diktator* war 1940 ein Spielfilm mit Charlie Chaplin als Satire auf den gar nicht körpergroßen Menschen, den ich hier aber gar nicht nennen will. Beim Großen Ehrenpreis ist das auch so eine Sache, wird er doch nur 30 bis 70 Zentimeter hoch. Wenn er sich besondere Mühe gibt, kommt er auch mal auf 80 Zentimeter. Das ist

ja eher bescheiden, ehrenpreisspezifisch ist diese Pflanze jedoch ein Riese. Denn alle die
anderen Brüder bleiben niedriger, die oft
nur einjährigen Pflanzen muss man
fast mit der Lupe suchen. Der mit
Ausläufern gesegnete Große Ehrenpreis inszeniert sich vor allem mit
seinen königsblauen, bis 1,5 Zentimeter breiten, oben am Stängel an
einer blattachselständigen Doppel-
ähre befestigten Blüten. Die leuchten
so wahnsinnig intensiv, dass er auf diese Weise mächtig aufholt und in niedriger Vegetation zum grandiosen Blickfang
mutiert. Dann ist hier der Teufel los, insekten-
bezogen. Blau, blau, blau blüht der Ehrenpreis wäre also
auch möglich gewesen. Leider verbringt dieser Ehrenpreisvertreter
sein Leben nur im deutschen Bergland. Also südlich / südöstlich von
Hannover in den Lichtenbergen, den Salzgitter-Höhenzügen geht es
da für mich erst los.

Ziemlich gewagt – der Grausenf (*Hirschfeldia incana*). Ein Unikum
der deutschen Flora ist der Grausenf, der auch Grauer Bastardsenf
oder Hundsrauke genannt wird. Ja, alles keine schmeichelhaften
Namen. Gar nicht kuschelig sind ebenso seine Wuchsplätze: Um-
schlagplätze nämlich, Bahn- und Hafenanlagen, Müll- und Schutt-
plätze sind sein Ding (wie auch für mich), dann und wann auch mal
verschleppt an Äckern. Bis 1 Meter hoch wird dieser von Mai bis in
milde November hinein blühende Kreuzblütler. Als einjährige Pflanze ist er genötigt, jedes Jahr aufs Neue eine graublättrige Rosette aus-
zubilden. Daher sein Name und daher auch seine fast vegetationslo-

sen Standorte. Trocken bis mäßig frisch und steinig sollte es sein, eher nährstoffreich. Aber jetzt zu seinen Markenzeichen: Es sind nicht die großen Blattendlappen, nicht sein sparrig verzweigter, buschartiger Wuchs, nicht die Fundorte, nicht seine Herkunft (aus dem Mittelmeergebiet erstmals 1820 in Deutschland einmarschiert, also noch vor der ersten Eisenbahn, von der diese hübsche Pflanze sicher profitiert hat). Es sind seine ganz besonderen Fruchtstände. Sie sehen aus wie ein Penis, wie ein Penis von einem Bilderbuchzwerg. Der Grausenf ist eine anzügliche Pflanze, sie lässt mich immer leicht erröten. Die Spitze des anliegenden Schötchens ist deutlich vom dünneren, nur bis 1 Zentimeter langen Unterteil abgetrennt, eingeschnürt sagen wir dazu. Und von diesen Spitzen besitzt er reichlich, und sie stehen immer. Da können wir Männer auch nur noch neidisch werden … Nun gut, und jetzt etwas weniger verfänglich: der Vergleich mit Taschenlämpchen trifft es auch. Benannt wurde die Pflanze nach dem netten Herrn Christian Cay Lorenz Hirschfeld (1742 bis 1792) aus Schleswig-Holstein; er war ein Gartenkünstler und Lehrer, jedoch ein reiner Theoretiker, der selbst nie einen Garten angelegt haben soll.

184

Bisschen protzen muss sein – die Türkenbund-Lilie (*Lilium martagon*). Die Blütenstände dieser Lilie sind kolossal, durch sie aber wirkt sie fast wie ein eingebildeter Hochkaräter, wie ein Hochstapler, eine Art Finanzjongleur, was dazu geführt haben mag, dass Rehe sie für ihr Leben gern kurzerhand abfressen. Sie scheinen nichts weiter im Sinn zu haben, als von Ende Mai bis Juli dieses Gedicht in Hellpurpurn mit tigerfellartig dunklen Flecken mir nichts, dir nichts kurzzuhalten. Von hundert Pflanzen lichter Laubwälder können gleich hundert abgefressen sein, so gnadenlos lecker ist diese auch noch geschützte Pflanze. Ich selbst habe sie nicht probiert, mir schlugen schon die verbliebenen Stängelruinen mit ein- bis zweietagigen Blattquirlen auf den Magen. Diese faszinierende, fast nur im Bergland aufschlagende Meisterleistung ist auf kalkreichen, nie zu trockenen oder zu feuchten Lehmböden zu Hause. Aus diesem Grund wurde sie früher auch ausgegraben, diesen Frevel kann man selbst heute noch trotz aller Mahnungen und Warnungen von allerdings nur noch wenigen Leuten mit Irrungen und Wirrungen erleben. Einen im Landkreis Hildesheim zeigte ich daraufhin mal an – mehr kann man für diese traumhafte Kleopatra der Liliengewächse aber nicht tun. Wer legt sich schon auf Reh-Lauer, zumal diese nachtaktiv sind. Zu erwähnen ist noch, dass beim Türkenbund immer nur ein Spross aus einer tief in der Erde verankerten Zwiebel mit Schuppenblättern entspringt und dass der Name *martagon* vom neu eingeführten Turban im 15. Jahrhundert herrührt, wegen straff zurückgebogener Blütenblätter. Dadurch kommen die intensiv schwarz gefärbten Staubgefäße der stets gaukelnd-herabhängenden Blüten besonders zur Geltung. Apropos nachts: Sie sind dann gepaart mit süßem Honigduft, das Objekt der Begierde für ein paar geflügelte, kolibriartig in der Luft stehende Nachtschwärmer wie den Eulenfaltern oder der Sphinx. Hier einfach zu landen ist aber ausgesprochen schwierig, da die Blütenblätter durch einen öligen Überzug aalglatt sind (was eben Rehe nicht vergrämt). Aber auch das Lilienhähnchen (*Lilioceris lilii*) setzt ihr zu, der feuerrote und knapp 1 Zentimeter lange Blattkäfer durchtrennt einfach die Blüten. Die ebenfalls auffallenden Hähnchen-Larven tarnen sich, indem sie ihren Kot auf dem Rücken herumtragen. Kaum zu glauben, muss ich hier aber mal loswerden.

Einfach nur superb – die Pracht-Nelke (*Dianthus superbus*). Ihr Name ist augenscheinlich sofort Programm, die bis zu 80 Zentimeter hohe Nelke verführt durch in der Tat prächtig ausgefranste Blüten, die rosafarben bis hellviolett und um 3 Zentimeter breit sind. Sie offenbaren sich schön nach Vanille duftend im Juni bis September, zu zweit bis zu zehnt an dünnen Stängeln. Das hat etwas von kleinen Feuerrädern, nur die Farben stimmen nicht. Harlekinartig stehen die Zipfel der fünfteiligen Blüten ab, wobei die Mitte mit grünlich getüpfelten Flecken geschmückt ist. Die extrem enge Kronröhre ist mit 3,5 Zentimetern auch noch sehr lang, was

Typ Bombastic

nur etwas für Tagfalter und tagaktive Schwärmer wie das Tauben-schwänzchen ist. Die sind auch zu schwer und würden an dieser Fi-ligranität und Kapriziosität auch nur verzweifeln. Lateinisch *superbus* heißt aber nun nicht prächtig, sondern stolz – trifft es aber auch. Na-delartig zugespitzte, bis 4 Zentimeter lange, gegenständige und gras-grüne Blätter an der Basis unverzweigter Sprossen geben Sonne und Wind kaum Angriffsflächen. Die Sprosse zweigen von bodennahen Langtrieben ab, diese Schönheit wächst daher fast rasig. Volkstümli-che Namen wie Ringnägeli, Rindnägeli, Wildnägeli oder gar Hoch-muth bezeugen die Eleganz und Exklusivität der Blüten.

Von Masken und Narren – die Ragwurz-Arten. Die wunderschö-ne Gegend um Göppingen im Ländle kennt man eigentlich nur vom Handball, wo der Club schon vielversprechend FRISCH AUF! heißt und lange Jahre sogar Deutschlands Rekordmeister im Hallenhand-ball war. Bis er vom Turnverein Hassee-Winterbek in Kiel (THW Kiel) abgelöst wurde, dem neuen Seriensieger (inzwischen zwanzig Mal). Was es aber in Kiel nicht gibt, nie geben wird, sind diese Errungen-schaften, von denen jetzt die Rede sein wird. Von einer überragen-den Siegesserie der Ragwurz-Arten. Wofür man im Handball Jahre braucht, bekam ich im Mai 2017 in wenigen Stunden serviert, auf dem Pokaltablett sozusagen. Es begann im lauschigen Bad Ditzenbach, wo ich bereits abends vorher gelandet war. Ganz zufällig gestrandet wäre auch treffend – nachdem ich vorher als Pflanzenjäger auf der Schwäbischen Alb auf nicht schlechten, aber doch nicht befriedigen-den Magerweiden umherirrte. Nachdem ich am örtlichen Friedhof genächtigt und mich im Bach Ditz gewaschen hatte, stiefelte ich in al-ler Herrgottsfrühe den erstbesten Hang hinauf, Oberer Berg genannt. Ich hatte an jenem Tag wenig Zeit, abends stand nämlich ein Vortrag an der altehrwürdigen Universität Hohenheim (Stuttgart) auf dem Zettel. Zunächst brillierten auf dem Oberen Berg die Warzen-Wolfsmilch und sicher Hunderttausende leider schon völlig abgeblühter Kuhschellen, die im Morgentau silbrig glänzten. Ich hatte mir den Morgenschlaf noch gar nicht so richtig aus den Augen gerieben, als es auch schon losging. Wie an der Schnur gezogen, wie ein Strahl aufgescheuchter Wespen, wenn man zu nahe an deren Nest kommt – fünf Ragwurz-Arten an einem Vormittag. Das sind komplett alle, die es in Deutschland gibt. Aber nur mal zum Vergleich: Auf Mallorca kann man fünfzehn verschiedene Arten dieser herrlichen Orchideen-Gattung finden. Zuerst ergriff mich die 15 bis 40 Zentimeter hohe Fliegen-Ragwurz (*Ophrys insectifera*) mit ihren schwarz-braunen, in der Mitte violett quergebänderten, an Fliegen erinnernden Blüten. Die kannte ich schon, die gibt es auch in Niedersachsen. Danach erwischte mich die 15 bis 35 Zentimeter hohe Gewöhnliche Spin-nenragwurz (*Ophrys sphegodes*) mit ihrer typisch h-förmigen, violetten Zeichnung unterhalb der Narbe. Ich hatte noch gar nicht ausgejubelt, da ereilte mich das besonders seltene Schicksal in Form der etwa gleich großen Kleinen Spinnenrag-wurz (*Ophrys araneola*). Deren Blüten sind nur kleiner, die Farben verwischter, und ein deutlich grüngelber schmaler Saum schmückt bei ihr die Lippe. Das war echt der Brüller, ich erholte mich kaum. Als ich innerlich schon abgedankt hatte, wir sind immer noch auf dem

188

Hang oberhalb von Bad Ditzingen, schlug, besser erschlug mich auch noch die Hummel-Ragwurz (*Ophrys holoserica*) mit ihrem gelbbraun-gitterartigen Gesicht. Das war höchstes Botanikerkino, der Hammer: Später am Hang gegenüber noch die Bienen-Ragwurz (*Ophrys apifera*) – fünf allesamt bei uns stark gefährdete Ragwurze auf einen Schlag. Diese Gattung imitiert Insekten und Spinnen, die dann, regelrecht verführt, ohne Gegenleistung die Blüten bestäuben. Einfach der blanke Hohn und anschaulich aufzeigend, wie gewitzt die Natur sein kann. Wieder die reinsten Kafkaesken, wo ich doch mit Franz Kafka sogar den Geburtstag teile. Und alle fünf Ragwurze sind etabliert vor allem in Gebieten mit närrischem Treiben, wo in Südwest-Deutschland die Fasnacht, der Fasching, der Frohsinn doch auch sonst die tollsten Blüten treibt.

Die Pompöseste unter den Pompösen – das Purpur-Knabenkraut (*Orchis purpurea*). Praktisch formvollendet, Glanz & Gloria, das höchste der Gefühle ist das Purpur-Knabenkraut, mit einer Höhe von bis zu 80 Zentimetern eine unserer größten Orchideen. Elegant und unzerzaust, vornehm wie Henry Maske oder Muhammad Ali, selbst nach Kämpfen (in besten Zeiten!). Ein echtes Glamour-Geschöpf, dadurch verstärkt, wenn sich fünfzig Stück zu einem Knabenkraut-Treffen verabreden. Dieser Brecher mit viel Chic hat es eilig und schiebt schon früh seine hellgrünen, sich leicht wachsig anfühlenden, bis 20 Zentimeter langen Blätter heraus. Der walzenförmige Blütenstand setzt sich aus bis zu fünfzig hell- bis dunkelpurpurfar-

189

benen, bis 1,5 Zentimeter breiten Blüten zusammen. An exponierten Stellen schon ab Mitte April, sonst bis Juni. Auch mal fast weiß, sind zahlreiche rötliche bis bräunliche Punkte maßgebend, der Helm ist ebenfalls braunrot. Diese Königsorchidee meidet trockene Böden, ist schattenverträglich und zu Hause im Laubwald, auf Magerrasen, Wiesen und im Saum besonnter Gebüsche. Es ist eine anspruchsvolle Grandezza, ganz standesgemäß, weshalb ihre scharfe Verbreitungsgrenze im Norden einem Ritt auf der Rasierklinge gleicht. Schlagartig ist nämlich Schluss auf Höhe von Osnabrück über Hannover, Peine und Halle / Saale. Ganz Schluss? Aber nein: Ausgerechnet im Nordosten von Rügen, im Nationalpark Jasmund mit dem weltberühmten Königsstuhl, da hat sie ganz entlegen noch ein kleines Refugium ergattert. Das sind diese Wunder der Arealkunde, die kaum zu begreifen sind. Aber nicht alles muss man wissen. Phantasie ist viel wichtiger als Wissen, denn Wissen ist begrenzt, das meinte jedenfalls einmal Albert Einstein – und der hatte doch immer recht.

Typ Bombastic

Typ Schmuddelkind

Spiel nicht mit den Schmuddelkindern» sang Liedermacher Franz Josef Degenhardt 1965 und nahm damit die deutsche Spießbürgerlichkeit auf die Schippe. Schmuddelkinder, das waren Arbeiterkinder, das waren all jene, die auf dem Schulhof in den Pausen am Rand herumstanden, zu denen man keine freundschaftlichen Beziehungen pflegen wollte. Sie wurden ignoriert, mit instinktiver Grausamkeit, aber auch weil die Eltern zu Hause bestimmte Normen vorgaben, dass man sich mit jenen aus den unteren Schichten bloß nicht einlassen sollte.

Heute lassen sich Arbeiterkinder kaum noch identifizieren, dafür hat man aber Ersatz gefunden. Heute würde man wohl singen: «Spiel nicht mit den Mobbingopfern». Mobbingopfer sind die «Schmuddelkinder» von damals. Kennzeichnend für sie ist, dass sie sich durch bestimmte Merkmale von einer Gruppe unterscheiden. Das kann alles Mögliche sein, eine zu geringe Intelligenz, eine zu hohe Intelligenz, eine Körperbehinderung, eine körperliche Auffälligkeit (US-Schauspielerin Kate Winslet wurde in ihrer Klasse gehänselt, weil sie als junges Mädchen dick war), eine andere Hautfarbe oder ein abweichendes Verhalten wie etwa extreme Schüchternheit, Rot-Anlaufen, Ungeschicklichkeit, permanentes Prahlen oder ein rasches Aggressiv-Werden. Heutige «Schmuddelkinder» zeichnen sich also nicht so sehr durch bestimmte Charaktereigenschaften aus, sondern eher durch ihr Verhalten – das sei gesagt, um keine Missverständnisse bei meiner höchst subjektiven Persönlichkeitstypologie zuzulassen.

Außenseiter werden also nicht besonders geschätzt und haben auch keinen großen Einfluss, wenn es um bestimmte Entscheidungen geht. Gibt es innerhalb einer Gruppe Spannungen, kann es leicht passieren, dass der Außenseiter zum Prügelknaben, zum Sündenbock wird. Er fungiert wie ein Blitzableiter, wie eine Zielscheibe, so ist dann ein mögliches Auseinanderdriften einzelner Gruppenmitglieder verhindert worden. Man hat ja etwas «gefunden», was den Zusammenhalt wieder sichert; die Hackordnung ist wiederhergestellt.

Unter Pflanzen gibt es auch solche Gossenkinder, glanzlose Gewächse, die eher abortig leben, fäkaliennah, auf dem Kompost, Müll besetzen, primitiv und schmierig sind, mit der leeren Bierdose oder der Zigarettenkippe als Nachbar, stinkend, irgendwie wurstig:

Der aus der Heringsdose – der Stinkende Gänsefuß (*Chenopodium vulvaria*). Niemand versteht, warum ich mich so für die Rasselbande der Gänsefüße begeistere, darauf lässt sich nur sagen: «Einer muss es ja machen!» Von den etwa fünfunddreißig, zumeist sehr unscheinbaren, weil nicht auffallend blühenden, manchmal auch schrulligen Gänsefuß-Arten in Deutschland sticht einer besonders hervor, und das können Sie wortwörtlich nehmen. Der Stinkende Gänsefuß geht also nicht ins Auge, sondern ab in die Nase. Wenn er bei uns inzwischen doch nur nicht so verdammt selten geworden wäre, könnte man es auch beweisen. So muss man heute ans Mittelmeer fahren, wo diese Pflanze zwar ebenfalls nicht mehr häufig ist, aber doch eher nachgewiesen werden kann.

Typ Schmuddelkind

Also, wärmeliebend ist die Art, ein Nährstofffreak, ein Wanderer zwischen Wahnsinn und Wehe – denn seine innigen Standorte an Dungstellen, Getreidemühlen, Hundeurinabsetzstellen, Kläranlagen, Mülldeponien, Umschlagplätzen, um Ställe und auch mal verschleppt auf Brachäckern sind nun wirklich nicht jedermanns Sache. Ich finde diesen exklusiven Ammoniakgeruch, den er ausströmt, großartig: Das erinnert mich an die gute alte Zeit, als es in unseren Dörfern und Städten noch nicht so kleinlich, pedantisch, steril und überordentlich zuging. Ein Vertreter der Vor-Kanalisation, eine Erscheinung mit Küchenabfällen, Marke «Ab aus'm Fenster». Dieser bis 35 Zentimeter hohe Stinkstiefel hat rautenförmige, graugrüne, relativ kleine Blätter an schwach bemehlten Stängeln und kugelige, gelbgrüne Blüten. Der strenge fischige Gestank resultiert vom Trimethylamin, das überall in dem krassen Kraut steckt.

Bitte mit Innereien – der Gewöhnliche Wasserdarm (*Stellaria aquatica*). Ein besonders fleißiges Lieschen unter den «Schmuddelkindern» ist der Gewöhnliche Wasserdarm, er hat etwas von einer Vogelmiere an sich, nur mit viel größeren, ebenfalls weißen Blüten. Und beide blühen und blühen und blühen. Der Wasserdarm von Mai an, und wenn es sehr gut läuft, noch bis Anfang Dezember. Dazu benötigt er überschwemmte Graben-, See-, Teich- und Tümpelufer, oder er macht es sich bei einer Größe von höchstens 50 Zentimeter bequem an feuchten Waldwegen. Nährstoffe, Sonne bis Halbschatten und nicht zu dichte Vegetation sind ihm wichtig. Dann fährt der Wasserdarm nämlich ungeniert oberirdisch bewurzelungsfähige, leicht glasige Ausläufer aus. Eigentlich ist er ein Hänger, ein Schlaffi, ein

eher träger Vogel, denn er überwächst gern andere Pflanzen, benutzt sie als Ablage, stützt
sich auf und wächst so immer weiter. Die
Stängel sind drüsig behaart, die Blätter
scheinen herzförmig angewachsen zu
sein. Der ungewöhnliche deutsche
Name kommt von seinem zähen In-
nenleben. Bricht man einen Spross
um, bricht man ihn auch tatsächlich,
aber nicht die biegsamen Leitbündel.
Die lassen sich dann über eine gewisse
Länge herausziehen. Ein Dünndarm, der
nicht blutet, eine echte Marotte der Natur.
Ach so, noch was vergessen: Höchst dekorativ sind
gelbe bis später lilafarbene Staubgefäße, ein klasse Schauspiel, wie
Antennen auf schneeweißem, sternartigem Hintergrund.

Eine von der Gosse – die Schwarznessel (*Ballota nigra*). Ein gewis-
ser Sonderling ist auch dieses Unterfangen namens Schwarznessel,
deren Blätter aussehen wie bei Brennnesseln, aber eben nicht bren-
nen. Und was daran nun schwarz sein soll, entzieht
sich auch meiner Kenntnis. Mir ist allerdings
aufgefallen, dass dieser Lippenblütler im
Herbarium fast schwarz wird. Der Le-
bendmodus findet bei dieser bis 1 Meter hohen, im Umriss halbkugeligen
Schwarznessel in Dörfern und Städten
und daraus verschleppt in Sandgruben,
an Graben-, Straßen-, Weg- und Waldrändern statt. Die Örtlichkeiten dürfen
auch mal abgemäht werden, sogar was

auf die Pflanze draufstellen darf man mal, und abgefressen wird sie kaum, sie ist so ein richtiges Gossenkind, mit jeder Situation kommt sie zurecht, nichts kann sie unterkriegen.

Parfum ist ganz was anderes – die Bocks-Riemenzunge (*Himantoglossum hircinum*). Liebliche Gerüche in der Natur beflügeln stets den Aufenthalt in derselben. Dafür gibt es massenhaft gute Beispiele. Glatt ins Klo gegriffen hat man da jedoch bei der Bocks-Riemenzunge. Diese imposante Orchidee bis 80 Zentimeter Höhe riecht zur Blütezeit von Mai bis Anfang Juli unangenehm nach Ziegenbock, genauer gesagt nach Po vom Ziegenbock. Das muss jetzt niemand selbst und leibhaftig ausprobieren, es genügt die Beschreibung. Der intensive Geruch steht ganz im Gegensatz zu ihrem skurrilen, exotischen, fast feuerspeienden oder frivolen Äußeren. Ein ganz erheblicher Teil davon besteht aus einem Blütenstand, aus dem einen zahlreiche, bis 7 Zentimeter lange, dünn verdrehte und am Ende hochgerollte Blütenlippen entgegenzüngeln. Als wenn die Riemenzunge Bock auf Böckefangen hätte. Wie Leimruten, wie onduliert lüstern, wie diese lang aufblasbaren Aufrolltröten zur Narrenzeit sehen sie aus. Nur eben von weiß-grünlicher Farbe mit violettem Einschlag und etwa fünfzehn pinken Punkten im Bereich der Narbe. Tatsächlich macht sie es sich auch gern zwischen Schafen und Ziegen bequem, denn die halten auf den Halbtrockenrasen zwar alles kurz, aber sie verachten die Bocks-Riemenzunge. In Deutschland ist sie fast nur südwestlich verbreitet, in lichten Eichenwäldern, auf

Typ Schmuddelkind

Magerrasen und nahe bei Wacholdern. Am Grund fallen oft schon weit vor der Blütezeit und später am Stängel verhältnismäßig breite, über 20 Zentimeter lange Blätter auf. Stinkende Außenseiter punkten eben oft mit anderen Dingen.

Nah am Abort – das Schwimmende Laichkraut (*Potamogeton natans*). So richtig üppige Vorkommen vom Schwimmenden Laichkraut lassen in mir ein Bild aufsteigen, in dem sich von der Seite abstoßende oder bereits in der Gewässermitte lauernde Kaimane auftauchen. Von noch größeren, possierlich-glupschäugigen Raubtieren will ich gar nicht reden. Und tatsächlich, in den mehr oder weniger dichten Decken unseres häufigsten Laichkrauts herrscht vor allem zur Blütezeit von Juni bis September überaus reges Treiben. Frösche, Libellen, Ringelnattern, Wasserschnecken, Unterwasserkäfer sowie auch mal ein Graureiher sind garantiert. Unter den fast vierzig deutschen Laichkräutern (hat trotz imaginärer Kaimane nichts mit Leichen zu tun) gibt es welche nur mit Schwimmblättern, selten welche allein mit Unterwasserblättern und häufig welche, die beides besitzen. Das Schwimmende Laichkraut hat einzig auffallend breite, glänzend grüne Blätter bis 10 Zentimeter Länge. Die Blüten schieben sich in walzenförmigen Ähren knapp übers Wasser. Es ist ein Allrounder, etabliert sich sowohl in stehenden als auch in langsam fließenden Gewässern, bei Nährstoffreichtum (Entenkot ist da genehm) wie bei Nährstoffmangel,

Typ Schmuddelkind

in der Sonne wie auch im (Halb-)Schatten. Frösche kann die Art nicht tragen, Käfer und Libellen allemal. Es wurzelt zwischen 50 und 600 Zentimeter Wassertiefe und breitet sich auch durch bis zu zwölf Monate lang schwimmfähige Samen aus. Nüsschen sind das. Im Schlamm wachsende, stärkereiche Ausläufer wurden früher als Schweinefutter genutzt, die Tiere fressen wirklich alles.

Typ Showmaker

Man braucht schon eine Menge Energie und Durchsetzungskraft gegenüber Mitkonkurrenten, um am Ende die Gunst eines Publikums zu gewinnen. Natürlich sind da die Lust und der Spaß, Menschen zu unterhalten und Beifall von ihnen zu bekommen, das motiviert ungemein. Aber die natürliche Begabung, das Talent, die Darstellungsfreude allein reichen nicht aus, um sich ins Rampenlicht zu stellen. Showmaker werden noch von etwas anderem angetrieben, nicht von dem Geld, das vielleicht auch locken könnte, bei ihnen kommt hinzu, dass sie sich auf einer Grenze bewegen, auf dem Übergang zwischen Persönlichkeit und Persönlichkeitsstörung, der ist bei ihnen nämlich fließend. Sie haben sehr ausgeprägte Charaktereigenschaften, und diese können sie durch schrilles oder klamaukhaftes Auftreten unter Kontrolle bringen. Sie wollen wie die Narzissten bewundert werden. Bewerten im Gegensatz zu ihnen aber nicht die eigene Person über. Jedenfalls meistens.

Überlegen Sie es sich also gut, wenn Sie mal wieder den Wunsch verspüren, auch all den Ruhm zu wollen, den die Showmaker für sich einheimsen, all die Möglichkeiten, die ihnen offenstehen, die tollen Orte, wo sie auftreten, die schönen Hotels, in denen sie wohnen, die vielen Menschen, die sie anhimmeln. Showmaker sind in unseren Augen Menschen, mit denen wir große emotionale Momente, Charisma und Glamour verbinden. Aber es gibt auch die Kehrseite: Irgendwie ist es auch wie ein Leben im Goldfischglas – man wird nicht nur geliebt, man wird auch ständig beobachtet und kann sich diesen oft sehr aufdringlichen Blicken nicht entziehen. Erfolg auf der einen Seite, das ist ja schön und gut, aber dann macht sich andererseits in einem eine gewisse Zerrissenheit breit, die Angst, beim nächsten Mal zu versagen und zum Gespött der Leute zu werden. Da hilft dann nur noch der Ehrgeiz, es beim nächsten Mal genauso gut zu schaffen.

Pflanzen kennen diese Zerrissenheit nicht, sie sind da ungenierter, wenn sie ihre Fähigkeiten oft lässig zur Schau stellen. Aber sie kennen es, wenn sie gefressen werden sollen, nicht von vernichtender Kritik und vom Gespött der anderen, aber eine US-Forschungsgruppe der University of Missouri, in Columbia, hat in einer Studie nachgewiesen, dass Pflanzen ziemlich sicher hören können, wenn sie gefressen werden. Bei ihren Untersuchungen ließen die Wissenschaftler in der Nähe der Acker-Schmalwand (siehe S. 33) Raupen an Blättern nagen. Durch die Vibrationen, die die Raupen mit ihren Kaugeräuschen ausgelöst hatten, änderte die Pflanze ihren Stoffwechsel. Sie produzierte danach chemische Verbindungen, die eine sie möglicherweise betreffende Fressattacke abwehren sollte. Diese Überlebenstaktik der Pflanzen zeige, so die Forscher, dass sie Kaugeräusche wahrnehmen und Gefahren frühzeitig für sich orten können. Die Todesangst, ausgelöscht und ausradiert, also vergessen und nicht mehr umschwärmt zu werden, die hat auch jeder Showmaker:

Dufte Liebesperle – vom Echten Meerkohl (*Crambe maritima*).

Caramba – was soll das denn sein? Es hat blaugrüne, fettig-wulstige Blätter, wird bis zu 80 Zentimeter hoch und hockt einfach und oft unerwartet zwischen Kieselsteinen. Es ist der im Spätsommer ziemlich wuchtige Echte Meerkohl. Direkt oberhalb vom Wellengang, nicht selten sind hier die Steine auch durchaus größer, gibt's doch gar keinen Gemüseanbau, oder? Doch: Man kann den Meerkohl nämlich ganz genauso wie Kohl essen. Nein, besser könnte, denn er ist in Deutschland vollkommen geschützt und zählt zu den Rote-Liste-Arten. Er schätzt die ansonsten vegetationsfreien Geröllfelder unserer Strände, viel mehr die an der Ostsee als an der Nordsee. Hier schiebt er seine massigen, fleischigen Blätter hervor und brilliert für eine Uferpflanze schon sehr früh im Mai durch einen im Umriss kugeligen Blütenstand. Auf ihm prangen unzählige weiße, stark duftende Kreuzblüten. Dieser Duft des dann wie ein Strandschleierkraut aussehenden Kohls ist unvergleichlich, völlig kirre machend. Er bestäubt sich selbst, aber auch Insekten tun das. Daraus entwickeln sich bis zu 2 Zentimeter große Liebesperlen als kugelrunde Schötchen an auffallend kurzen Stielen. Ziemlich schnell fallen sie bis September ab, um sich dann von der Brandung fortreißen und woanders in Gesteinsritzen fallen zu lassen. Oder der Fruchtstrunk fällt gar als Ganzes ab, ein Steppenroller ist geboren. Im salzreichen Milieu hat sich der mit einer formidablen Rübe ausgestattete Meerkohl in den letzten zwanzig Jahren im Bestand erfreulicherweise leicht erholt. Ich sah ihn aber bisher meist erbärmlich spärlich auf Helgoland, auf Rügen bei Kap Arkona, bei Kiel, aber auch mal hundertfach auf Fehmarn und an der Geltinger Bucht bei Flensburg. Glück gehabt!

Multitalent auf jeder Bühne – der Dreifinger-Steinbrech (*Saxifraga tridactylites*). Das Dasein des scheinbar kopflosen Dreifinger-Steinbrechs kann bereits im Dezember des Vorjahrs beginnen:

Typ Showmaker

Kein Geklotze, sondern Gekleckere verbindet sich eher mit dem so zierlichen, nur 5 bis 20 Zentimeter hohen, listig-ausgefuchsten Gewächs. Es zeichnet dann erste Mini-Blattrosetten.

Bei uns ist er der einzige einjährige Vertreter dieser weltweit mit 370 Arten auftrumpfenden Gattung Steinbrech. Aber halt: Das macht dieser Dreikäsehoch dann durch Masse wett, durch irre große Vorkommen im Bahnschotter und im Sand. Das war nicht immer so, denn vielerorts war dieser Kämpfer fast ruiniert. Und wie von Geisterhand hat er die Zeichen der Zeit erkannt und sich auf den langen Marsch in menschliche Gefilde begeben. Sozusagen vom einsamen Felsstandort im Gebirge plötzlich mitten auf die Hauptbahnhöfe. Inzwischen ist der kleine Prahlhans mit dem langen Rosettenstadium zügig weitergewandert: in Parkplatzritzen, ins Kanalufergestein, längs der Bahnstrecken, in Sandgruben, sogar in Graudünen der Nordseeinseln und als Comeback auf alte Dächer sowie moosreiche Mauerkronen. Bestens hält er der stechenden Sonne stand, der seine Mager- und Trockenstandorte ausgesetzt sind, denn Klebdrüsen reflektieren die Strahlen. So glühen in der zweiten Aprilhälfte und im Mai ganze Steinbrech-Heere, wenn diese traumwandlerische Art ihr schützendes Anthocyan (ein blauer Pflanzenfarbstoff) nach außen und

Typ Showmaker

ihr Chlorophyll ganz nach innen gekehrt hat. Die dann endlich zahlreichen schneeweißen, an gabeligen Sprossen verteilten Blüten von jeweils 1 Zentimeter Breite tun ihr Übriges am umwerfenden Gesamteindruck dieses Unikums. Und clever ist die Pflanze auch noch, denn die vielen Samen werden von Wind und Wasser verbreitet, oder gleich die ganze Pflanze bleibt irgendwo haften. Auch ist jetzt herausgekommen, dass die Klebdrüsen nicht nur heraufkrabbelnde Fliegen und Käfer abhalten sollen, sondern dass diese vielmehr als Nahrungsergänzung auf Hungerstandorten dienen, wenn sie dann elendig im Geschleime verendet sind, sozusagen an diesem «Sonnentau» eigentlich lebensfeindlicher Bahnschotterflächen.

Eine Blume mit Glatze – die Strahlenlose Kamille (*Matricaria discoidea*). Sie ist inzwischen häufig geworden, schon lange – in Äckern, Beeten, Pflaster- und Plattenritzen, Gullys, auf Marktplätzen und in Pfützen, auch eine Pflanze, die gern tarnt und täuscht, die Anke Engelke oder der Matze Knop unter den vielen Kamille-Arten & Anverwandten. Diese gelbgrünen, aber völlig blattlosen Blütenköpfchen der einjährigen und bis 30 Zentimeter hohen Strahlenlosen Kamille erinnern mich auch immer an Erich Honecker, hat sie doch genau die gleiche Frisur. Ich erinnere mich bezüglich dieses Mannes augenblicklich an zwei Begebenheiten – dass er nach der Wende fast jämmerlich mit Sack und Pack in einer Kirche irgendwo im Brandenburgischen unterkommen musste und dass Helmut Schmidt einmal nach einem Staatsbesuch in der DDR über ihn sagte,

Typ Showmaker

sinngemäß: Ein einfacher Mann, umgänglich, aber von höchst mittlerer Intelligenz. Was für ein Urteil! Also, diese Glatzenkamille, wie ich sie seit kurzem nenne, Erichs Kamille wäre auch okay, ist da ganz anders und so niedlich! Unter der Lupe betrachtet einfach unschlagbar, was ich bei Honny so nie gemacht hätte. Sie duftet wie Echte Kamille, und man kann aus ihr ebenso einen Tee machen oder sie als Salatwürze verwenden. Auch ist die Strahlenlose Kamille wie Erich Honecker extrem Ost-affin. Aus Polen und Russland ist sie nämlich erst mit der Eisenbahn zu uns gekommen, und das noch via Berlin. 1852 war das, und Karl Marx lebte da schon. Selbst in seiner Funktion als Staatsratsvorsitzender fuhr Honecker bekanntlich am liebsten mit der Eisenbahn, so ist er auf diese Weise mal in den achtziger Jahren nach Hamburg gereist. Passt alles, und da die Samen bei Feuchtigkeit aufquellen, wurde und wird diese Pflanze heute in alle Welt fortgetragen. Sozusagen: «Proletarier aller Länder, vereinigt euch!», quasi floraler Klassenkampf! Ein wirklicher Kosmopolit, was man so vom Kommunismus dann doch nicht wirklich sagen konnte.

Veganes Chamäleon – der Heide-Wacholder (*Juniperus communis*). Der im Nordwesten von Deutschland so kerzengerade Charakter Heide-Wacholder, hier mit bis zu 12 Meter Höhe unübersehbar, gehört zu den Kulturgütern. Wenn nicht live, so dann doch von alten Heideschinken düsterer Wohnzimmer von früher. In offenen Weiten wirkt er wie ein Kleiderschrank, ein Feldherr auf offener Bühne. Manchmal passiert es, dass diese Feldherren dermaßen dicht wachsen, in sogenannten Wacholder-Trockengebüschen, dass bodennah die Heere ausgehen. Dann kümmern selbst Besenheide, Glockenheide, Heidelbeere oder Borstgras vor sich hin. Der Heide-Wacholder mit stechenden, selbst von Pferden und Schafen nur ganz jung verbissenen blaugrünen Nadeln ist ein Strauch mit vielen Gesichtern. Man sieht ihm eigentlich sofort an, wo er gerade wächst beziehungsweise wo sein Bild gemalt wurde. Als eigentlich atlantisch geprägte Art für eher kühle Sommer und milde Winter, mit Niederschlägen einigermaßen gleichmäßig über das Jahr verteilt, wird er nämlich nur im Nordwesten Deutschlands zur Frohnatur. Je weiter es nach Osten geht, je weiter es den Berg hinaufgeht, umso schlechter wird seine Laune. Dann verkriecht er sich sofort in sandige Kiefernwälder und belässt es dort zumeist bei Höhen von nur noch 1 bis 2 Meter. Unterboten nur noch in den Alpen, da legt er sich an der Baumgrenze flach und ganz freiwillig auf den Boden. So pfeift der Wind über ihn hinweg, Kälte und Tierfraß traktieren ihn weniger, und Schnee rutscht besser ab. Vor allem auf den Südseiten, wo es eher abtaut, gelangt der Wacholder als ausgesprochene Lichtgestalt schneller in Amt und Würden. So mutiert ein ausgeprägter Kalkflieher Norddeutschlands zum Kalkliebhaber im Bergland. Diese «Metamorphose» findet aber nicht wirklich statt, denn der an sich trotzig-trutzige Heide-Wacholder ist in Wirklichkeit eine arme Seele und konkurrenzschwach. Fast alle anderen Straucharten und die Baumarten sowieso vertreiben ihn nämlich auf hinterletzte Plätze der Natur – der «Mann mit den Wacholderbeeren» musste schon immer sehen, was für ihn noch übrig bleibt. Nur Mensch und Tier im Mittelalter förderten ihn direkt, weil sie gierig alles Holz benötigten. Millionen Schafe waren damals auf den trocken-kargen Sandböden die einzigen Nutztiere, so konnten die einstmals riesigen Heiden erst entstehen.

Typ Showmaker

Nur ein halber Schmarotzer – das Wald-Läusekraut (*Pedicularis sylvatica*). Ein Wicht von Pflanze, ein Halbparasit mit fehlender Fähigkeit zur eigenen Nährstoff- und Wasserversorgung in Feuchtwiesen, Flachmooren und randlich von Hochmooren ist das Wald-Läusekraut. Wirklich in einem Wald sah ich es, nur 5 bis 15 Zentimeter hoch, noch nie. Das zweijährige, giftige und sehr scharf schmeckende Läusekraut entwickelt von Mai bis Juli je nach Höhenlage bis zu 2 Zentimeter lange, rosafarbene, taubnesselartige Blüten, die in aufgeblasenen, weiß-grünen Kelchen stecken. Diese Kelche erweitern sich zur Fruchtzeit zu sackartigen Kapseln mit zwei Kammern, die die Samen beherbergen. Größe von Blüten und Kapseln, echte Show bietend, stehen aber im krassen Widerspruch zur Pflanzengröße und den fitzeligen, stark zerteilten Blättern. Dann erreichen auch die über der Bodenoberfläche seitlich verlagernden Sprosse ihre endgültige Größe und verlieren ihr letztes Blut, ähm, Saft. Halbschmarotzer haben es aus naheliegenden Gründen immer schwer, sich neben ihren oft auffallenden Blütenfarben noch sonst wie auffallend zu präparieren. Und letztlich fehlt ihnen trotz aller Raffinesse auch die Zeit dafür, weil ihr Leben schon fast um ist. Kommen nun Weidetiere oder der tretende Mensch, ducken sie sich ab oder sind durch stetige Kalk-

Typ Showmaker

und Nährstoffarmut sowieso schon geplättet. Von Hummeln wird einige Intelligenz und Kraft erwartet, denn sie müssen die Blüten in einem ganz bestimmten Winkel anfliegen, um die nur 0,5 Millimeter enge Öffnung der Kronröhre zu weiten. Um an den Blütenhonig zu gelangen, wird die Narbe berührt und danach, beim Vordringen des Kopfs, der lockere Blütenpollen ausgestreut. Erdhummeln mit kürzeren Rüsseln beißen seitlich die Blütenröhre auf und gelangen so auf Umwegen ans Ziel. Kleine Samen werden durch Tiere, Wasser und vor allem durch Wind verbreitet. Lateinisch *pediculus* = Laus ist ein Hinweis auf die frühere Nutzung als Schutz gegen Läuse und anderes häusliches Ungeziefer.

Nicht jeder taugt zur Rampensau – der Eichen-Lattich (*Lactuca quercina*). Viele Pflanzenarten werden weltweit typisiert nach Form, Gestalt und Wesen anderer, häufig nicht einmal verwandter Arten. Meist ist das überzeugend, ab und zu aber auch wenig bis nicht nachvollziehbar. Ein absolut unbegründetes Beispiel dafür ist der fast nur im Osten Deutschlands beheimatete Eichen-Lattich. Er ist eine unpopuläre, jedoch über 2 Meter hoch aufragende Pflanze und blüht von Juli bis September gelb bis blassgelb. Der zweijährige, unverzweigte, mit um fünf Sprossen aufragende Lattich hat aber nicht eichenartige, sondern höchstens eigenartige Blätter. Stark zerschlitzt, mit bis zu vier allenfalls angedeuteten, ganz unregelmäßig gezähnten und gezipfelten bis gebuchteten Blattfiedern. Kurzum: Solche Eichenblätter gibt es gar nicht. Am Grunde spannen sie sich um den Stängel herum, gänzlich eichenfremd. Den Nomenklatoren und Nomenklatorinnen war wohl nichts Besseres eingefallen. Jeweils um 1 Zentimeter breite und lange Blüten stehen in ausladenden Blütentrauben zusammen, die eine Heerschar an leicht flugfähigen Samen produzieren. Ich sah wahre Riesen-Eichenlattiche bisher nur am Kyffhäuser, dem Gebirge nordwestlich von Bad Frankenhausen. Dieser irritierende, einen scharfen Milchsaft absondernde Korbblütler ist wärme- und trockenliebend, präferiert steinige, nährstoff- und kalkreiche Böden, auch mal in lichten Eichenwäldern. Na also, bleibt die Eiche fast zum Trost nun doch nicht ganz außen vor.

Komödiantisch – der Kleine Baldrian (*Valeriana dioica*). Hinter der Weichsel ist er stumm. Für den häufigen bis zunehmend selten gewordenen Kleinen Baldrian ist nach Osten hin Schluss. Ein Kraut mit Prinzipien, eindeutig, mit klaren Ansprüchen. Irgendwo müssen die Pflanzen ja hin, aber irgendwo hat alles auch seine Grenzen. Der Kleine Baldrian bevorzugt die Nähe zu Bächen oder Quellen, am liebsten haust er aber unter Erlen und Eschen. Baldriane sind ja nicht selten in Gestalt von medizinischen Präparaten zu Hause

Typ Showmaker

im Arzneischrank. Ich mag sie alle nur live! Der Kleine Baldrian, der mit bewurzelungsfähigen Ausläufern durchaus kampfbereit ist, duftet und ist tatsächlich der Kleinste. Nur 30 Zentimeter Höhe schafft er, die Blüten sind männlich rosa und größer, die weiblichen kleiner und reinweiß. Wieder kleine Naturwunder. Die gabelige Schirmrispe zeigt sofort Baldrianzugehörigkeit. Abgeblüht kann man diese nun blutleeren Rispen noch eine ganze Weile später verfolgen. Die dunkelgrünen, leicht glänzenden Blätter variieren stark: An den Kurztrieben sind sie gewellt und ganzrandig, unten an den Sprossen und auch weiter nach oben warten sie fiederteilig mit vergrößertem Endblättchen auf. Manchmal wird der Stängel zipfelig umfasst.

Der Kleine Baldrian verkörpert immer was Anmutiges, Edles, Geheimnisvolles, irgendwie Wertvolles. Was er inzwischen auch ist, weil er sich so schlecht woanders einfügen kann. Drum haust er oft ziemlich abgelegen tief im Wald, an Gräben oder weit draußen in Nasswiesen.

Typ Showmaker

Typ Spießer

Kreisen wir den Spießer mal ein, denken wir nur an den deutschen Spießer. Es gibt den Spießer sicher auch in Frankreich, Griechenland oder in der Türkei, aber da kenne ich mich überhaupt nicht aus. Der Spießer ist eindeutig ein Schmähbegriff, unter ihm summierte man alle Biedermänner, die das Land so aufzuweisen hatte. Als ein besonderes Spießerexemplar galt immer der Kleingartenbesitzer, der in seinem kurz und ordentlich, mit der Nagelschere geschnittenen Kleingrün Gartenzwerge aufgestellt hatte, in Gestalt von Gärtnern mit Schubkarre und dazu passend das holde Miniatur-Schneewittchen. Briefmarkensammler gehörten auch in diese Kategorie, die da stundenlang am mehrmals abgewischten Küchentisch saßen, mit der Lupe in der Hand, und jede Zacke untersuchten, ob die noch wirklich intakt war. Trug dieser Mensch auch noch Hosenträger, war das Bild des Biedermanns perfekt.

Hosenträger trug auch der Spießer, den das Fernsehen in den siebziger Jahren in der Serie *Ein Herz und eine Seele* in die Wohnzimmer flimmern ließ: Alfred Tetzlaff hieß er (dargestellt von Heinz Schubert), Ekel Alfred war zu klein geraten, reaktionär, besserwisserisch und blaffte jeden an. Er lebte in einem Wohnzimmer mit Mustertapete, machte daraus einen Stammtisch, Tetzlaff trug eine Kassenbrille, wetterte gegen die SPD, gegen Ausländer, «Gastarbeiter», Juden und seinen linken Schwiegersohn. Und er führte Wörter wie «Scheiße» oder «Arschloch» ins Serienvokabular ein. Die erste deutsche Sitcom war wie aus dem Leben gegriffen. Nur hat sich das Leben inzwischen verändert. Diese Spezies ist mehr oder weniger ausgestorben, was aber nicht bedeutet, dass sie vollkommen verschwunden ist. Der Spießer hat nur eine andere Gestalt angenommen. Unsympathen, die sich gegen Migranten aussprechen, gibt es wieder zuhauf. Und sie sagen es nicht mehr länger in ihren Wohnzimmern, sondern öffentlich und überall. Sie sehen nicht mehr wie Alfred Ekel aus, tragen keine Hosenträger oder Bollerhosen mehr, aber die Spießer-Definition laut dem Brockhaus passt immer noch: Er ist ein «engstirniger Mensch, der sich an überlebten Anschauungen und moralischen Grundsätzen orientiert, Neuerungen und Fortschritte ablehnt und seinen sozialen Status verteidigt». Biedermänner und Brandstifter, immer wieder müssen wir davon lesen, sie werden leider wieder mehr.

Spießertum im Pflanzenreich ist eine rare Angelegenheit, was letztlich auch kein Wunder ist. Pflanzen sind einfach nicht wie Edmund Stoiber, Olaf Scholz oder Volker Kauder, sie sind nicht engstirnig, gestalt- und gehaltlos, nicht trivial und unbeweglich, schon gar nicht steif und kleinkariert. Aus menschlicher Sicht kann man ihnen, den wenigen, vielleicht eine spießige Erscheinung nachsagen, sie mögen grau, lau und mau erscheinen, etwas störrisch, kaum leichtfüßig, oft bemüht oder ein wenig zu gemütlich, selten tolle Wuchtbrummen – aber viel mehr fiele mir dazu nicht mehr ein:

Uniformfreak – der Sumpf-Bärlapp (*Lycopodiella inundata*). Barbarossa, Blücher, Rommel, Scharnhorst, Wellington, Marschall Schukow und all die anderen berühmten Heerführer hätten ihre helle Freude an diesem Sumpf-Bärlapp gehabt. Klar, beim Soldatenkönig Friedrich Wilhelm I. von Preußen wären die alle glatt durchgefallen bei einer Größe von nur 5 bis 20 Zentimeter, aber diese regelmäßige Anordnung … Und das auch noch ganz ohne jeden Befehl. Wo es ihm gefällt, auf feucht-nassen, am liebsten besonnten Böden, da formiert und marschiert er dann auch nicht selten zu Tausenden, zu Zehntausenden auf. Ein Meer aus winzigen Bärlappen, heute Knirpse, vor Millionen Jahren aber noch bis 50 Meter hohe Goliaths, mächtige Marschälle. Heute nur noch Heere ohne Anführer, in zuerst quietschgrünen Uniformen, die dann in ein Hellgrün übergehen und sich im Spätherbst cremegelb bis schlohweiß verfärben. Akkurat in Reih und Glied stehen sie da, es sind immer die bis 8 Zentimeter hohen Sporenähren an dünneren Stielen, die sich aus platt auf dem Boden aufliegenden Kriechstängeln senkrecht erheben. Wie der senkrechte Daumen einer Hand. Nur Trockenheit und aufkommende Gehölze wie Birken oder Zitter-Pappeln besiegen diese soldatenhaft-groteske Pionierart nährstoffarmer Aufmarschplätze.

Hohle Nuss – der Acker-Steinsame (*Lithospermum arvense*). Hart, härter, am härtesten – dazu fallen einem auf Pflanzen bezogen am ehesten Holz oder Nussschalen ein. Noch viel kleiner, aber dafür steinhart, sind die Samen vom Acker-Steinsame. Im Sommer 2017 habe ich mal aus Spaß auf so einem Samen herumgekaut, und zack: Ein Stück Zahn war ab! Ich weiß auch noch genau, wo das war, unterhalb von Naumburg an der Saale bei Eulau. Kaum zu glauben: schneeweiß und innen hohl – der Same und nicht mein Schneidezahn. Der Acker-Steinsame hat leider nicht nur auf Stein gebaut, denn durch die Intensivierung der Landwirtschaft ist diese um 50 Zentimeter hohe und von April bis Juli cremeweiß, in kleinen Trichtern blühende Pflanze vielerorts im Rückgang begriffen. Dann rettet sie sich ab und zu, auch mal individuenreich an Ränder von grasigen Bahn-, Radweg-, Straßen-, Weg- und oberen Grabenrändern. Jedoch nicht selten leider nur für kurze Zeit.

Ein Gras steckt auf – das Haar-Federgras (*Stipa capillata*). Dieses Federgras fällt durch eine Merkwürdigkeit auf, eine Unmöglichkeit, was mir bei diesem doch erwartungsvollen Namen ziemlich unangenehm ist: Seine Rispe will sich einfach nicht frank und frei, also federmäßig mustergültig entfalten. Es bleibt irgendwie in der Blattscheide stecken, als sei da was verstockt und verstopft. Es steckt fest, steckt fast auf, es ist ein Hängen und Würgen, bis sich oben doch noch was verkrüppelt zeigt. Es ist eine gestaucht-verstauchte Rispe, bis 12 Zentimeter lange Grannen werden zwar sichtbar, aber oft sind sie gebrochen und geknickt. Und dann kommt auch schon die Sommertrockenheit, es wird nicht besser. Die Samen fallen rasch heraus, zurück bleiben fast beängstigende Rudimente von Gras, das holen selbst die fadenförmig gebogenen Blätter des bis 1 Meter hohen Horstgrases nie auf. Ein Gras von eher trauriger, weniger spießiger Gestalt. Wie nach einem verschossenen Elfmeter, einem verfallenen Lottogewinn, gerade heruntergefallenem Softeis, wie gerade den Zug verpasst. Jämmerlich, verdorrt, vertrocknet – nicht eins, sondern oft alle drum herum, ein Hort von Halbleichen. So schade, eine Zitterpartie.

Verdammt engstirnig – der Echte Faulbaum (*Frangula alnus*). Der 1 bis 4 Meter hohe und winterkahle Echte Faulbaum heißt so, weil seine Rinde unangenehm ölig riecht. Damit wäre die wichtigste Frage gleich zu Beginn gelöst. Das harte Holz wurde früher zu Holzkohle verarbeitet und dann, fein gemahlen, als Schießpulver verwendet. Ohne Faulbaum also kein Kanonendonner. Kriegstreibende Spießer waren begeistert. Und weil damals (aktuell ist es nicht anders) ständig irgendwo Krieg geführt wurde, lag der Baum, ähm, eher Strauch hoch im Kurs. Und das ist bis heute so geblieben, denn der giftige Faulbaum ist fruchtend für Fasan, Mistel- und Wacholderdrossel wertvoll. Wir Menschen benutzten «Faulbaumrinde» zudem einst als Abführmittel in Form von Säften, Tees und Tabletten. Das begehrte Gehölz ist ganz hübsch. Das beginnt bei eiförmigen, 4 bis 7 Zentimeter langen und 3 bis 5 Zentimeter breiten, glänzend-grünen, stets zugespitzten Blättern. Oberseits glatt, tritt auf der Unterseite ein ausgeprägtes, gelbliches Adernetz zutage. Unscheinbar weißliche bis blassgrüne, winzige Blüten stehen in seitenständigen Büscheln, kleinen Trugdolden, nahe bei den Hauptachsen. Spießertum pur! Aus ihnen entwickeln sich um 8 Millimeter große kugelige Steinfrüchte mit zwei bis drei Kernen. Erst grün, dann gelblich, dann rot und am Ende pechschwarz zeigen sie dann jedoch eine ganz beachtliche Farbpalette. Die Blätter geben mit einem Knallgelb auch noch eine fulminante Herbstfärbung ab, und das bis tief im November.

Typ Spießer

Typ Techniker

önig Ludwig II. von Bayern war nicht nur technikbegeistert, er war auch selbst ein Tüftler und Bastler. In seinem Schloss Neuschwanstein ließ er nur die neuesten technischen Errungenschaften installieren, Märchenschloss hin oder her, es ging ihm um Hightech, um Hightech von damals. Seine Anregungen holte er sich aus der Leipziger *Illustrierten Zeitung*, dort las er mit großer Begierde die Polytechnischen Nachrichten. Doch beim Lesen blieb es nicht, er klemmte sich selbst hinters Zeichenbrett und brachte seine Phantasien aufs Papier. Eine besonders eigenwillige Konstruktion war der Ersatz für eine Seilbahn: So wollte Ludwig eine Gondel an einem Ballon befestigen und an einem Seil über den Alpsee schwimmen lassen. Die Machtlüsternen um ihn herum sahen das als eine Möglichkeit an, endlich diesen Verrückten vom Thron zu stoßen, denn so hatte man einen Beleg für seine Geisteskrankheit. Dabei war seine Erfindung alles andere als wahnsinnig, sie war sogar äußerst clever, denn auf diese Weise hätte er schneller von Hohenschwangau zum königlichen Badestrand gelangen können, der auf der anderen Seite des Sees lag. Einziger Haken an der Sache war, dass er die Gefahr der plötzlich auftretenden Seitenwinde nicht genau kalkuliert hatte.

Techniker haben nicht immer unbedingt dazu beigetragen, dass politische Revolutionen stattfanden, industrielle aber allemal. Und sie haben sich dabei der Natur bedient. Egal ob Fallschirm, Klettverschlüsse, Stacheldraht, selbsttragende Zelte oder die Konstruktion von Ballons, Flugzeugen und Gebäuden: Problemlösungen aus der Natur sind ein Vorbild. Auch bei der Energiegewinnung gibt es hilfreiche Anregungen: Solaranlagen werden in Schichten übereinandergebaut, eine Mehrschichtigkeit, wie sie von Blüten entwickelt wurde, um Licht einzufangen.

Die Geschichte der Menschheit ist eine Geschichte der Erfindungen, von Grenzgängern, Schwärmern und auch Spinnern – in der Evolution der Pflanzenwelt ist es nicht anders. Gifte und Stacheln und Dornen, ich habe sie schon erwähnt, sind eine Strategie, um sich eindrucksvoll zu behaupten und den Feind effektvoll einzuschüchtern. Pflanzen sind überhaupt nicht zimperlich, was ihre Verteidigung betrifft. Einige Pflanzen gaukeln sogar den Befall von Schädlingen vor. Eine vorbeikriechende Raupe kann da durchaus ins Grübeln geraten, denn wer will schon von einem leergeplünderten Buffet speisen? Das würde man nur in der Not machen, doch die Not ist nicht gegeben, wenn es noch ein paar leckere saftig grüne Nachbarn gibt. Da sieht es so aus, als wäre der Tisch weiterhin reichlich und gut gedeckt.

Noch eine andere Methode ist pflanzentechnisch spannend: die Kunst der Schmarotzer, jene Exemplare, die ihre Nährstoffe ganz oder teilweise von einer Wirtspflanze oder einem Wirtstier beziehen. Erstere nennen sich Vollschmarotzer, Letztere Halbschmarotzer. Mit anderen Worten: Sie leben auf Kosten von anderen. Echte Parasiten. Das gelingt ihnen aber nicht so nebenbei, dafür haben sie spezielle Sauggefäße, jene Haustorien entwickelt, mit denen sie ihre Opfer anzapfen können. Aber nicht immer sind parasitische Pflanzen eine Plage, manchmal zeigen sie sich auch gönnerhaft und warnen im Gegenzug die Wirtspflanze vor fresssüchtigen Insekten. Bei genauer Betrachtung ist diese Leistung auch nur bedingt freundlich, eher sogar ein wenig gewieft und hinterlistig, denn so ein Schmarotzer hat nichts davon, wenn sein Gastgeber stirbt oder völlig geschwächt wird. Auf jeden Fall ganz schön gerissen:

Kai aus der Kiste – der Fichtenspargel (*Monotropa hypopitys*). So zwanzig Jahre lief ich dieser eigenartigen Pflanze nach, fast wäre ich daran verrückt geworden. Wo endlich konnte ich den seltenen Fichtenspargel einmal zu Gesicht bekommen? Denn manchmal fallen diese Spargelpflanzen sogar am Wuchsort jahrelang aus, um dann doch wieder und auch ganz zahlreich zu erscheinen. Echte Wundertypen sind das, eben besagte Vollschmarotzer von 5 bis 25 Zentimetern Höhe, immer mit geborgtem Leben, sozusagen stets auf Pump. Eben wie solche Typen, die einen auf der Straße anhauen: «Haste mal 'ne Zigarette?», «Brauch mal 'nen Fuffziger für'n Kaffee», «'n Euro für'n Ticket?» Oder bestimmte Bekannte: «Kann ich mal 'ne Nacht bei dir pennen?», «Borgst du mir mal dein Fahrrad?» Also eine Art Sozialschmarotzer, und manchmal bekommt man all die verliehenen Sachen tatsächlich nie mehr zurück. Jedoch injiziert der Fichtenspargel keine Pflanzen, sondern er paktiert mit Pilzen, mit im Boden lebenden Mykorrhizapilzen von Fichten, Kiefern, Buchen oder Birken. Diese ganz speziellen Spargelpflanzen sind wie kleine Rumpelstilzchen, urplötzlich da in Forst und Wald, von denen niemand weiß, woher sie kommen, ob sie bleiben oder nur auf unbeständig machen. Zunächst, ab Mai, tauchen sie cremefarben und irgendwie erbarmungswürdig nackt auf. Mit noch hängenden Blüten fallen sie am ehesten auf, wenn es ab Juli mit kugeligen oder eierköpfigen Fruchtständen aufrecht gen Licht geht. Feuchtigkeit, Kalkmangel, Nährstoffarmut liegen ihnen. Wo sie unverzweigt, blattlos und blutleer hausen und im Alter von pechschwarzen und trockenharten Kumpanen umgeben sind, findet man sonst nicht viel, höchstens ein paar Flechten, Moose und Pilze. 2017 war übrigens ein tolles Spargeljahr, also Fichtenspargeljahr – mehrfach fand ich den Sonderling im Wendland zwischen Neu Darchau und Gartow, nach Jahrzehnten mal wieder in Hamburg bei Boberg. Nach Fichtenspargel lechze ich, auf wässerigen Gemüsespargel verzichte ich dagegen gern – bis auf den leckeren Kochschinken.

Mit Organ zum Überwintern – das Echte Fettkraut (*Pinguicula vulgaris*). Fettig ist ja nun nicht jedermanns Sache, meine aber schon, ich bin aber auch ein dünner Hering. Aber diese Art, dieses Echte Fettkraut, wenn man mehr über sie weiß, wie sie lebt, ihr alarmierender Rückgang – Leute, das ist Faszination pur! Der Hungermeister überwintert in beweglichen kleinen Brutzwiebeln direkt auf dem Boden, die man Hibernakel nennt. Eine technische Meisterleistung, das ist etwas ganz Besonderes im weiten Reich der Pflanzen. Zu sehen sind vor der Blüte in Mooren oder moosreichen Feuchtwiesen die hellgrünen, weichen, oberseits durch Drüsensekrete glänzenden Blätter in ausgeprägten Rosetten. Sie liegen dem nassen, aber nie überschwemmten nährstoffarmen Boden fest an und sind am Rand und vor allem an der Spitze nach innen umgerollt. Das schützt vor erbarmungsloser Sonne und dient als Falle, als Tierfalle! Kleine Fliegen und Käfer bleiben an verdickten Klebdrüsen der Blattoberflächen haften, werden langsam verdaut, was den sonst eher kargen Lebenstisch aufbessert. Eine fleischfressende Gattung also, diese Fettkräuter. Und dann, von Mai bis Juli, sind die blauvioletten Blüten an 5 bis 15 Zentimeter langen, blattlosen Stängeln zu sehen. Mit weißem Blütenschlund in ansonsten blütenarmer Umgebung einfach eine Wonne. Und auch «hier oben» kann es wieder recht dramatisch werden: Zu große Fliegen werden nämlich bei der Bestäubung durch Sperrhaare, Narbe und Staubbeutel am Schlund festgehalten, es sind sogenannte Fliegenklemmfallenblumen. Die Fliege verhungert, ob das ebenfalls der Fettkrautversorgung dient, ist nicht abschließend geklärt. Ich sah dieses faszinierende Gewächs bisher an wenigen Stellen, nur in den Alpen und ihrem Vorland ist diese botanische Kostbarkeit noch häufiger. Die Pflanzen sitzen irgendwie nur da auf ihren Standorten, mit ihren etwas blutarmen Blättern, sie erinnern mich an kleine hellgrüne Seesterne. Ein Ding zwischen Barhocker und Techniker, bestimmt war manch Techniker zuerst auch ein Barhocker. Ist ja auch kein Wunder, wenn man als Pflanze zur Ernährung Fliegen fangen muss.

Wer ihn anfasst, kriegt eine geklebt – der Klebrige Gänsefuß (*Chenopodium botrys*). 30 bis 70 Zentimeter wird er hoch, er stand bestimmt einmal für Pattex Pate, denn keine Pflanze klebt so doll wie der Klebrige Gänsefuß (perfekte Abwehrstrategie) und kaum eine duftet dabei auch noch so aromatisch. Hier kommen wirklich alle menschlichen Sinne voll auf ihre Kosten, denn dieser in Deutschland nur auf Sonderstandorten existierende

Typ Techniker

Vagabund sieht dabei auch noch verdammt gut aus. In Häfen, an Halden, auf Spülflächen oder auf Bahnhof-, Industrie- und Sandbrachen muss man sich auf die Suche machen. Nährstoffreichere, trockene, immer voll besonnte Sand- und Schuttböden, die sich allesamt schnell aufwärmen, dienen dieser einjährigen Art als Unterlage. Hat man da dann einmal so richtig reingefasst, braucht man sich zwar um den guten Geruch keine Sorgen zu machen, wohl aber um die Frage: Wohin jetzt mit dem Kleister? Da ist ein Tuch oder Lappen von Vorteil. Leider geht diese gern im Kollektiv auftauchende Pflanze im Zuge des zügellosen Bauwahns von heute nach und nach verloren.

Mysteriöses Etwas – der Wiesen-Wachtelweizen (*Melampyrum pratense*). Nun gut, eigentlich sieht man diese bis 50 Zentimeter hohe, einjährige, von Juni bis September fleißig in Gelb und Weiß blühende Art mehr im Wald, auch mal knapp außerhalb von diesem auf einer vermoosten Böschung, einer Weide oder Heide vorkrabbelnd – richtig auf Wiesen aber nie. Dieser Wachtelweizen ist ein giftiger Zeitgenosse, ein vergnügter Halbschmarotzer, meist saugt er andere Pflanzen aus, vorwiegend Gräser, um an deren Lebenssäfte zu gelangen. Alles Weitere kann er dann schon noch allein. Ich verehre die Wachtelweizen, weil sie oft so bunte Hochblätter haben, die noch mehr auffallen als die eigentlichen Blüten. Er ist ein Freund unserer Eichen, die einfach ein nicht so dichtes Blätterkleid aufweisen. «Wachtel» wird er deshalb genannt, weil man irrigerweise annahm, dass die weißen, weizenkornartigen

Samen von Wachteln gefressen werden. Aber nix da. Diese Samen sind für Mäuse sogar tödlich. Die bis zu 2 Zentimeter langen Blüten werden nur von Hummeln bestäubt. Die kleineren Bienen begehen dagegen «Hausfriedensbruch», indem sie die Blüten anfressen, um so an den Nektar zu gelangen. Auch das Herbarisieren von Wachtelweizen-Arten macht keinen Spaß, alle Vertreter werden nach kurzer Zeit pechschwarz, vorbei ist es dann mit ihrer noch zu Lebzeiten kleidenden Buntheit. Alles in allem ist das reichlich mysteriös.

Von Gift und Galle – die Schwarzfrüchtige Zaunrübe (*Bryonia alba*). Sie blüht von Ende Mai bis August mit grünlich weißen Blüten, ist stark giftig, eine alte Arzneipflanze (alte Anpflanzungen haben die natürlichen Areale verwischt) und weist im Boden eine kilogrammschwere Rübe auf. Sie entfacht zeitig im Frühjahr erste Ranksprosse (die am Schluss 5 Meter lang werden können), an denen erbsengroße, zunächst grüne und dann matt-pechschwarze, stark giftige Beeren in einem Konglomerat zu hängen kommen. Dann kann die *Bryonia*, wie sie in der Homöopathie liebevoll genannt wird, trotz des Gifts (die Dosierung ist mal wieder entscheidend) gegen vielerlei Leiden helfen: Erkältung, Fieber, Hautentzündungen, Kopfschmerzen, Reizbarkeit, Unruhe und Verstopfung. Vor allem aber ist die Zaunrübe ein sich windendes Wesen der Städte und Dörfer mit hier vielen vertikalen Strukturen: Hecken, Mauern, Sträucher und Zäune. Im Winter sieht man ab und zu im Gesträuch noch diese korkenzieherartigen Restranken als letzte Relikte hängen, sofern man gute Augen besitzt.

Lebendgebärend – das Knollige Rispengras (*Poa bulbosa*). Als absoluter Gräserfreund entgeht mir natürlich nicht das Knollige Rispengras, eine bis zu 30 Zentimeter hohe Pflanze trockener, gern sandiger und wärmebegünstigter Böden. Es erreicht seine Hochzeit im Mai bis Juli, dann entfalten sich aus einem unscheinbaren, blaugrünen Blättergewirr zahlreiche unverhältnismäßig kräftige Halme, an denen oben die Rispen florieren. Zunächst steif aufrecht wachsend, gehen sie in wenigen Wochen, dabei sich allmählich rötlich verfärbend, in einen Schräg- beziehungsweise Sinkflug über. Neben den knolligen Zwiebelchen im Boden, die man manchmal auch schon direkt an der Bodenoberfläche entdecken kann, verdicken sich auch die halbreifen Samenkörner. Ja, sie treiben selbständig aus, auf der Pflanze, vor allem bei genügend Niederschlägen im Spätfrühling. Es ist eine sozusagen lebendgebärende Pflanze, Viviparie wird das genannt, die Embryonalentwicklung an der Mutterpflanze. Wie praktisch das doch ist, eine Starthilfe auf mageren Böden, wo auch mal lange Ebbe an Regen sein kann. Dieses besondere Rispengras ist daher auch eine beliebte Pflanze der extensiven Dachbegrünung, ein «Gras mit Babys».

Typ Trostspender

Menschen brauchen Trost, wenn sie Verluste erleiden. Den Verlust eines geliebten Menschen, den Verlust einer Liebe, weil der Partner glaubt, eine andere zu lieben, auch den Verlust eines Jobs, insbesondere wenn gleichsam von heute auf morgen die Kündigung erfolgt. Weil nicht jeder die richtigen Worte für eine solche Situation finden kann, gibt es professionelle Tröster, Psychologen, Pfarrer, manchmal auch nur Menschen mit einem Helfersyndrom, also solche, die daraus ihren Selbstwert beziehen, dass sie anderen Menschen helfen. Sie haben somit ein Bedürfnis, für ihr Tun Anerkennung zu bekommen – was am Ende eher übergriffig, aber wenig hilfreich ist.

Schaut man auf die Websites von Bestattungsunternehmern und Friedhofsgärtnern, nähert man sich dem Thema Trost und Pflanzen an. Da werden dann dem Besucher verschiedene Blumen vorgeschlagen, die mit einer bestimmten Symbolik in Verbindung gebracht werden. Eine Rose wird nach dieser Betrachtung als Ausdruck von Liebe, Zärtlichkeit und Anmut angesehen, Akelei und Lilie verkörpern Weisheit. Kornblume und Veilchen stehen wiederum für Zuneigung, Heide, Kiefer und Gänseblümchen bedeuten Bescheidenheit. Auch die Farben spielen eine Rolle, eine emotionale. Weiß verweist auf Reinheit, Unschuld und Kindlichkeit, Blau auf Ferne, Kälte, ebenso auf die Macht. Gelb ist ein Symbol der Sonne, aber auch der Streitsucht und des Neids. Grün steht für Ruhe und Ausgeglichenheit, und die Farbe Rot symbolisiert Leben, Liebe, Feuer, Leidenschaft, Zorn.

Nur Trost kommt da nirgends vor, das fehlt gänzlich, dabei geht es doch darum, dass bei Beerdigungen und Friedhofsbesuchen Trost nötig ist. Schon sehr seltsam, aber bestimmt ist es eine Mischung von alledem.

Ich jedenfalls finde es, um mal neue Kategorien aufzustellen, sehr tröstlich, dass im Jahr noch sehr spät Hummeln und Bienen und Falter Blüten finden, aus denen sie Nektar schöpfen können. Was wäre die Natur ohne die Spätzünder, die Spätblüher? Ich freue mich über dichte Brombeergesträuppe als Vogelverstecke, tröste mich mit der Samenflut von Neophyten, der aparten Neuankömmlinge aus fremden Ländern, Trost sind letzte Rosenblüten im Oktober, erste Blattrosetten schon im November oder die vorwitzigen Blätter von Krokussen, Schneeglöckchen und Traubenhyazinthen immer dann, wenn doch noch Winter ist. Auch finde ich es sehr trostreich, noch im Oktober oder November leuchtende Früchte zu sehen. Ich weiß dann, dass die Samen darin ausgetragen werden und es im nächsten Frühjahr von vorne losgeht. Und das dann wieder zusammen mit mir:

Gesund gucken – der Erdbeerspinat (*Chenopodium foliosum*). Alle Jubeljahre trifft man auf dieses famose Gewächs. Als Uninformierter in Sachen Wildpflanzen steht man vor einem Rätsel, auch ich in früheren Jahren. Doch großartig, was Naturforscher schon vor Jahrhunderten herausgefunden haben, so haben die dieses zunächst unscheinbare und einjährige Gewächs den Gänsefüßen zugeschlagen. Ganz am Anfang stehen vier bis acht mehr oder weniger dreieckige Grundblätter. Ab Juni drapieren sich die kugelig grünen bis bräunlichen Blüten leiterartig zwischen den nun stark buchtig gezähnten, graugrünen Stängelblättern. Dann inszeniert die Pflanze im Sommer die fleischigen und knallroten Früchte, fast wie Erdbeeren und wie diese sofort ins Auge springend. Und gleich mitgeliefert mit dem Namen bekommt man die (frühere) Nutzung des Erdbeerspinats: Als Vitaminpflanze wurde er gekocht oder gedünstet wie Spinat. Was man aber auch mit allen anderen Gänsefuß-Arten machen kann. Vor Jahrzehnten war der Erdbeerspinat Bestandteil alter Bauerngärten, eine geschätzte Gemüsepflanze aus Südosteuropa und Westasien. An der Schachtschleuse in Minden sah ich im späten Sommer 2017 über 10 000 Pflanzen, viele davon ganz toll in Frucht! Aber da ich noch ganz gesund bin, ließ ich alle schön stehen – ich gucke mich sozusagen immer gesund!

Hmmh, himmlisch – die Himbeere (*Rubus idaeus*).

Eine Begegnung der angenehmen Art ist für mich jedes Mal die mit Himbeeren, meiner unübertroffenen Lieblingsfrucht: rote Pralinen am Strauch. Und zwar nicht zur langweiligen Blütezeit im Mai und Juni, sondern später, wenn die kleinen und so zarten Versuchungen, mal größer und mal auch leider kleiner, im Juli und August an den bis 2 Meter hohen Sträuchern baumeln. Dann habe ich plötzlich Zeit und versuche an alle heranzukommen. Manchmal retten die Beeren mich sogar, wenn ich im Hochsommer mit Trinkbarem gegeizt habe. Und selbst zwischen den Zähnen verbliebene Samen (die Himbeere ist wie die Erdbeere eine Sammelfrucht) werden noch genüsslich aufgebissen. Dieser Eiferer mit Ausläufern stirbt nach der Fruchtreife ab, nur an diesjährigen, beerenfreien Sprossen hängen im nächsten Jahr die neuen Früchte. Ganz überwiegend fünfteilige, nicht wie bei den Brombeeren aus einem Punkt radial erscheinende, sondern gefiederte, dünne Blätter sind unterseits weißfilzig. An graugrünen, meist dünnen Stängeln prangen typisch rotviolette Stacheln. Die Himbeere ist eine Allerweltsart, bedürfnislos, fast engstirnig, unverdrossen sowohl in Wäldern und Forsten als auch auf Heiden, Lichtungen und Brachflächen. Dabei kann sie übergriffig werden und anderen Arten zusetzen, also eine Pflanze mit Eiern im Kahn-Titan'schen Sinne auf meist mageren Böden. Der Name «Himbeere» kommt übrigens von Hinde = Hirschkuh.

Streit statt Silberstreif – die Wein-Rose (*Rosa rubiginosa*). Das Metier der Rosen ist ein weiter Ozean, so viele alte und neue Sorten kommen hinzu. Aber die Wildrosen in Deutschland sind ein Fall für sich, da geraten selbst Experten in Streit. Also eigentlich ist das nicht so meins, obwohl ich mich ja auch gerne mal streite! Über die Wein-Rose sind sich jedoch alle einig: Sie hat nichts mit Tränen am Hut, sondern duftet nach Apfel(wein). Das Lateinische *rubiginosa* (rotbraun) verklärt die wunderschön rubinrote, besser rosenrote Blütenfarbe im Juni und Juli. Diese überaus blühfreudigen, stark stacheligen Gesellen erreichen eine Höhe von bis zu 3 Metern, und zwar an Bahn-, Graben-, Straßen-, Wald- und Wegrändern. Wenn die Hagebutten, die Früchte aller Rosen, reifen und leuchten, ist die Welt wieder in Ordnung, sollte sie es gerade nicht gewesen sein. Die Rosen-Experten sind weniger emotional geprägt, sie versuchen anhand der Früchte (gepaart mit der Form der Dornen) die Wildrosen sicher zu bestimmen. Dazu werden die Hagebutten oben aufgeschnitten, Griffelkanäle ausgeleuchtet und vermessen. An den Rosenfrüchten, an den Spitzen, sitzen zudem die vertrockneten Kelchblätter – auch die sehen ganz verschieden aus oder fallen früh ab. Bei der Wein-Rose sind sie stark gefranst und ragen noch im Spätherbst weit nach vorne. Richtig rosensicher werde ich wohl nie, diese hier habe ich aber voll im Griff.

Waldaugenweide – der Sumpf-Pippau (*Crepis paludosa*). Er ist die letzte Rettung, nicht vor dem Untergang, sondern im Hinblick auf das alljährliche Farbenspiel im Laubwald. Mit Busch-Windröschen, Scharbockskraut, Gelbstern, Milzkräutern und Co. geht oft bereits im März die Saison los, denn viele Waldpflanzen am Boden benötigen das lebenswichtige Licht. Darum müssen sie sich schon so früh sputen. Denn ist das Laubdach erst einmal dicht, bleiben nur noch wenige Blühpflanzen übrig, die für Freude sorgen. Und dazu gehört der bis 80 Zentimeter hohe Sumpf-Pippau, der blütenmäßig ganz viel vom Löwenzahn hat. Neben Feuchtwiesen campiert er liebend gerne in quellnassen Laubwäldern von Erle und Esche. Seine gelben, bis 3 Zentimeter breiten, nur aus Zungenblüten zusammengesetzten, von schön bedrüsten Hüllen untermalten Blütenköpfe präsentiert er Ende Mai bis Mitte August. Ansonsten ist zu dieser Zeit im Wald oft bereits tote Hose, einfach zu schattig. Grund- und Stängelblätter sind gezähnt, relativ dünn und am Stängel geöhrt, das heißt stängelumfassend befestigt. Das ist auch gleich sein Markenzeichen. Die Wuchsplätze sind gut betretbar, hier sackt man nie tief ein. Ganz anders sind da Zeigerpflanzen für abgründigen Morast, wo einen selbst Gummistiefel nicht retten, wie etwa Bittersüßer Nachtschatten, Fluss-Ampfer oder der hochgiftige Wasserschierling. Vorsicht, hier droht Lebensgefahr im Walddauersumpf.

Letzter Hoffnungsschimmer – Gelber Zahntrost (*Odontites luteus*). Gelbe Zähne sind bestimmt kein Trost, der Gelbe Zahntrost ist das schon. Der Halbparasit hospitiert auf Mitgeschöpfen um Höhen von 70 Zentimeter und baut im Hochsommer bis Ende September viele gelbe, knapp 1 Zentimeter lange, in eigenartig bogenförmigen Teilblütentrauben eingepasste Blüten auf. So begnügt er sich mit weit aus der Blüte vorlugenden Staubblättern, was optimal bei gelegentlicher Schafbeweidung ist. Dann entstehen nämlich durch Tiertritt offene Stellen zum Aussamen, wühlende Tiere wie Mäuse sind dabei willkommen. Die 4 Zentimeter langen, fast grasartigen Blätter sind perfekt an diese lausigen Verhältnisse adaptiert. Der so ansehnliche Gelbe Zahntrost verdünnisiert sich allerdings ziemlich schnell bei nahender Konkurrenz, etwa gefördert durch Beschattung, Nährstoffzufuhr und Nutzungsaufgabe. Übrigens: Es gibt in Deutschland vier

Zahntroste (Frühlings-, Gelber, Gewöhnlicher und Salz-Zahntrost), alle linderten früher tatsächlich Zahnleiden, insbesondere bei Zahnfleischproblemen.

Winter-Trost – der Aufrechte Merk (*Berula erecta*). Als Freund klarer Bäche kommt man am Aufrechten Merk wirklich nicht vorbei. Denn hier sprudelt er all seine frischgrünen, stets vital aussehenden Fiederblätter steif nach oben, die manchmal lustig im kräuselnden Wasser hin und her tanzen. Auch im Winter noch, es handelt sich bei diesem Klarwasserzeiger mal wieder um ein äußerst geselliges Kraut, eine Kennart der sogenannten Bach-Röhrichte. Er mag es am liebsten umflutet, aber zu tief darf das Wasser nicht sein. Bei einer Wassertiefe über 0,5 Meter vergeht ihm die Lust, und sein Flechtwerk aus weißen Rhizomen unter und überm Boden kümmert. Der Doldenblütler blüht natürlich auch. Im Juli bis September spannen sich zahlreiche recht kleine weiße Dolden über ein Gewirr stehender Blätter, mit recht breiten Hüllen und Hüllchen unterkränzt. Die Doldenkunde ist also gar nicht so schwer. Die warzigen Samen sind rundlich, sogar breiter als hoch, was sie prima im Wasser treiben lässt. Eigentlich hat das der so aufmerksame Aufrechte Merk gar nicht nötig, siehe sein immenses Wurzelwerk. Immer wieder gibt es wahre Massenbestände in Quell- und Bruchwäldern zu sehen, sofern die von Wasserläufen durchzogen sind – das sieht dann im Wald auch noch spät im Jahr wie grüne, geschlängelte Luftmatratzen aus. Immer ist er ein Blickfang, meist auch betretbar, besser durchwatbar, denn der sogar essbare Merk treibt es selbst in kiesigen und sandigen Sedimenten. Blätter und Stängel sind weich und luftgefüllt, dieses schwammartige Gewebe, als Aerenchym bezeichnet, prädestiniert dieses Geschöpf fürs Wasser. Nur höhere Gebirge werden vermieden, über 700 Meter liegen ihm einfach nicht.

Typ Trostspender

Typ Kratzbürste

J a, ja, die Kratzbürste. Kommt mir irgendwie bekannt vor. Mit ihrem widerborstigen, widerspenstigen Benehmen kann sie ganz schön renitent sein. Anpassung an eine allgemeine Meinung ist so gar nicht ihr Ding, sie stimmt einem Konsens höchstens nach außen hin zu, wenn überhaupt. Sie ist tendenziell und grundsätzlich immer völlig anderer Auffassung, der Konformismus hat bei ihr klare Grenzen. Das Jasagertum liegt ihr überhaupt nicht, aber ebenso wenig, mit einer Entscheidung einverstanden zu sein. Was nicht unbedingt die Zusammenarbeit mit ihr erleichtert. Sie selbst würde auch verneinen, dass sie selbstlos und hilfsbereit sei. Eigensinnig, ja bockig bis besserwisserisch, dem würde sie eher zustimmen.

Das britische Supermodel Naomi Campbell, eine der bekanntesten Laufstegschönheiten, ist der Inbegriff einer Kratzbürste. So wurde sie einmal von der Polizei festgenommen, weil sie einer anderen Frau das Gesicht zerkratzt hatte (es gab da auch noch weitere Festnahmen). Ihre Temperamentsausbrüche sind legendär, sie traut sich was. Futter für die Klatschspalten ist da garantiert. Kratzbürsten sind eben streitlustig, wenn sie sich angegriffen fühlen. Oder wenn sie das Gefühl haben, von außen bestimmt zu werden, wenn man ihren Tag komplett durchplant – oder nur fünf Minuten.

Leider neigen sie dann auch dazu, wie Rohrspatzen auf andere zu schimpfen, und das aus dem Nichts heraus. Immerhin sind sie bereit, über alles und jeden zu streiten wie des Teufels Advokat. Zur Erinnerung: Erwägt der Papst eine Heiligsprechung, wird ein Advokat des Teufels ernannt, um gegen die Entscheidung zu argumentieren.

Doch was wäre das Leben langweilig, wenn alle Menschen gleich wären. So gewisse Allüren finden wir spannend, weil wir vielleicht selbst gern einmal unserem Boss oder der Chefin das Gesicht zerkratzen würden – es uns aber nicht trauen. Wir sind, wie schon Sigmund Freud feststellte, sublimierende Wesen, das Realitätsprinzip – die fristlose Kündigung – hält uns dann doch davon ab.

Kratzbürsten in der Natur kümmern Freud & Co. herzlich wenig, sie haben nur einen evolutionären Vorteil darin gesehen: als Vorbild für Durchsetzungskraft dazustehen, als Powerpflanze, pure Wehrhaftigkeit. Es schadet nie, ein bisschen Anarchie auf Feld und Wiese zu bringen. In Leo Tolstois Novelle *Hadschi Murat* geht es um die letzten Monate eines wankelmütigen muslimischen Kämpfers, sie beginnt mit der Beschreibung einer Distel am Feldrain: «Sie hatte drei Triebe, einer war abgerissen, der Rest vom Stängel stak wie ein Stumpf heraus. Die Blüten der anderen zwei waren schwarz. Ein Rad hatte den Strauch überrollt. Er hatte sich wieder aufgerichtet und stand jetzt schief. Aber stand! Als hätte man ihm ein Stück aus seinem Leib gerissen, die Innereien rausgezerrt, den Arm zerhackt, die Augen rausgepflückt – aber er steht und ergibt sich nicht.»

Schon genial, wie die Distel eine Antwort gegen ihre Ausrottung (nicht nur) durch den Menschen gefunden hat. Leise, klaglos und sehr erfolgreich. Die Natur zeigt so auch uns Wege auf:

Das Brotmesser unter den Pflanzen – das Binsen-Schneidried (*Cladium mariscus*). Was Schärfe angeht, nimmt kein anderes Gewächs es mit diesem Binsen-Schneidried auf, auch Binsen-Schneide genannt. Aber nicht vom Geschmack her, sondern vom Durchtrennvermögen seiner graublaugrünen, bis 150 Zentimeter langen und bis 3 Zentimeter breiten Blätter. So effektiv wie ein Brotmesser, aber gestern erst gekauft! Durch zahlreiche rückwärtige Widerhaken gewappnet, lässt man sofort Finger, Hände und Mäuler von ihm. Ruckzuck dominiert dann nämlich die Farbe Rot. Ist man einmal in Not und will etwas zerschneiden, braucht man nur Schneidried zu nehmen. Doch dumm ist nur: Woher nehmen, man kann noch nicht einmal stehlen? Dieses bis 2 Meter hohe Sauergras mit zahlreichen, fast fingerdicken Ausläufern im nassen, nährstoffreichen Schlamm und Torf ist selten. Das Binsen-Schneidried kommt vor ohne Plan, es ist kaum zu fassen. Nur hier und da ein paar Stellen, etwas mehr in Oberbayern. Ich zähle mal auf: auf Borkum, in Wilhelmshaven im Voslapper Groden, am Balksee, bei Hannover am Rand der Zentraldeponie Altwarmbüchen, im Schlicksumpf südlich von Wunstorf, am Mittellandkanal im Landkreis Schaumburg, im Murnauer Moos und auch auf Mallorca im Salzlagunensumpf des Nationalparks s'Albufera. Also, im Grunde ist er trotzdem (oder gerade deshalb?) ein Weltenbummler, der mit seinen kräftigen, weißlich braunen Blüten in starren Rispen von Juni bis Juli Eindruck schindet. Entwässerung und ein Zuwachsen mit Gehölzen aber setzt diesem kompromisslosen Riesen unter den Sauergräsern erheblich zu.

Gar nicht so brutal – der Rankende Lerchensporn (*Ceratocapnos claviculata*). Bei diesem bis 1 Meter hohen Mohngewächs könnte man der Idee verfallen, dass es etwa andere Arten verdrängt. Ist das auch tatsächlich der Fall? «Jein» muss man da ehrlicherweise sagen, teils, teils. Es gibt schon entwässerte Erlenbruchwälder oder artenarme Fichtenforste mit viel Rankendem Lerchensporn, denn ranken und überranken kann die einjährige Pflanze wie kaum eine andere. Das beginnt im Herbst, wenn sich erste dünne, bläulich grüne Tentakeln konspirativ, scheinbar kopflos, schleichend und noch etwas konfus im Unterholz herumtreiben. Das ist etwa so geheim wie das Auftreten von Che Guevara im südamerikanischen Dschungel, wie der betrügerische Herr Dr. Postel oder die Titelvergabe vom schönen Konsul Weyer. Völlig kahl ist die von Frühjahr bis Sommer blassgelb blühende Schönheit, sie benötigt etwas Licht und verabscheut höhere Berge, Kalk und viele Nährstoffe. Der Rankende Lerchensporn ist ein Bodensäurezeiger mit einer Besonderheit, er breitet sich von Westen nach Osten aus, strebt also Richtung Moskau. Da sind dann aber schon ganz andere gescheitert. Aus diesem Grund gibt es vom Rankenden Lerchensporn in Polen auch erst wenige Vorkommen. Brutal ist da vielleicht sein lateinischer Name, sprechen Sie den doch dreimal hintereinander aus – aber bitte korrekt!

Zum Teufel mit dem Zwirn – die Europäische Seide (*Cuscuta europaea*). Noch so ein Vollschmarotzer, und wie jeder Vollschmarotzer ist auch die Europäische Seide äußerst dubios. Sie steht vor allem auf Brennnessel, genau genommen auf die häufige Große Brennnessel (siehe S. 260). Das einnehmende Wesen der einjährigen Europäischen Seide kann sogar so weit gehen, dass befallene Brennnesseln arg ramponiert aussehen. Ihnen dreht diese Seide buchstäblich den Saft ab und benötigt dazu nicht einmal ihre Wurzeln als Halt. Mittels Haustorien dringt sie in die Wasserleitungsbahnen der Wirtspflanze ein und lenkt munter Nährsalze und Wasser aus der Brennnessel in die der Seide ab und um. Ein teuflisches Werk, ein Teufelswerk, daher auch der volkstümliche Name Teufelszwirn. Und in der Tat: Die verschwurbelten Triebe dieses Linkswinders sind kaum dicker als Bindfäden, von weiß-rötlicher bis hellvioletter Farbe – ähnlich wie die der von Juni bis Anfang September blühenden glöckchenartigen Blüten. Mitunter ist auch ein Gelb dabei. So erobert dieser bis 1,5 Meter lange Vollschmarotzer ganze Brennnesselflächen (höher als ihr Wirt kann sie ja nicht werden!), drückt die so geschwächte Brennnessel auch mal regelrecht zu Boden. Und ist Brennnessel nicht greifbar, dockt sie woanders an: an Beifuß-Arten, Doldenblütler, Erlen, Hopfen (daher auch Hopfen-Seide) und gar an Weiden. Die Europäische Seide steht auf Fluss- und Stromtäler, auf feuchte bis nasse, gerne auch mal überschwemmte Auenböden. Sie hat was von ständig kontrollierenden Nachbarn, Schlangestehen an Kassen, einem «Bon» am Autofenster, Hundekot unterm Schuh oder Steuernachzahlungen – braucht man eigentlich alles nicht.

Kleine Furie – das Sumpfblutauge (*Potentilla palustris*). Etwas Angst einflößend sind seine 3 Zentimeter breiten braunroten Blüten von Juni bis September schon. Das hat was von Furie, von: «Ich mache Ihnen ein Angebot, das Sie nicht ausschlagen können!» Dabei wirken auch seine fünf kleinen Kelchblätter fleißig mit, sie sind wie die eiförmigen, spitz endenden Kronblätter genauso gefärbt. Sagen dem Sumpfblutauge die Umstände zu, halbschattige bis besonnte, torfig-schlammige Böden an Ufern, in lichten Feuchtwäldern, Gräben, Sümpfen und nicht ganz nährstoffarmen Torfstichen, geht es auch schnell auf Expansionskurs. Denn es besitzt bewurzelungsfähige Ausläufer, an denen die toll fünfteiligen Blätter in blaugraugrüner Farbe zahlreich sitzen. Es ist ein Rosengewächs, was man bei diesen Blüten auch gleich geahnt hat, nur Dornen fehlen. Da kann ich gut mit leben, weniger damit, dass diese früher so häufige Art vielerorts merklich geschwunden ist. Es wird einfach zu viel gedüngt, zu viel und zu früh gegüllt, immer noch entwässert, immer noch Land umgebrochen und zu nahe an Gräben herangelandwirtschaftet. Dabei ist das Sumpfblutauge ein Magnet für Bienen, Fliegen und Hummeln, ein wichtiger Erstbesiedler an torfigen Gewässern.

Respekt, Respekt – die Kleine Brennnessel (*Urtica urens*). Viele wissen nicht, dass es die heimische Flora auf zwei häufige Brennnessel-Arten bringt, neben der weitverbreiteten Großen Brennnessel gibt es auch noch die vielfach verkannte und gebietsweise auch rückläufige Kleine Brennnessel. Dabei sollte man die bis 60 Zentimeter hohe, eintriebige bis stark verzweigte, von Juni bis Oktober blühende «Gemeinheit» nicht unterschätzen und durchaus auf dem Zettel haben: Sie brennt nämlich noch viel mehr als ihre große Schwester. Das Wissen darüber flößt einem Respekt ein, den haben sogar Hühner und Gänse, die diese Pflanze ebenfalls nicht anrühren. Diese so brisante Kleine Brennnessel liebt bodenlockeres, sonniges bis halbschattiges Milieu. Gern ganz nah bei den Menschen an Hackfruchtäckern (Kartoffeln, Rüben), Schuttstellen, Straßen, Wegen und abgetretenen Rasenecken, in Beeten, Gärtnereien, Häfen sowie mitten in der Stadt auf Baumscheiben. Ein humorloser, etwas monotoner Störzeiger, der offene Böden für seine Samen benötigt. Da unsere Winter fast landläufig keine mehr sind, kommt es vor, dass die Kleine Brennnessel durchmacht, sich eine zweite Vegetationszeit gönnt. Und sie kann ganz viel: Homöopathisch wird sie eingesetzt gegen allergischen Hautausschlag, Durchblutungsstörungen, Gicht, Hitzebläschen, Insektenstiche, leichte Verbrennungen und Rheuma. Verwendet werden zur Blütezeit frische Blätter und Sprosse, selbst für Salate. Und ich finde sogar, diese krasse Kreation sieht schön aus, gerade auch noch im Herbst und Winter!

Typ Kratzbürste

Ein Griff ins Wespennest – die Gewöhnliche Stechpalme (*Ilex aquifolium*). Bei ihr scheiden sich ein wenig die Geister. Ein schillernder Strauch bis 6 Meter Höhe mit wintergrünen, bis 10 Zentimeter langen und kurzgestielten Blättern. Diese sind stark bewehrt, nach oben hin lässt das nach. Das ergibt auch Sinn, denn Giraffen haben wir hierzulande noch nicht, und Vögel fressen die glänzend grünen, wie lackiert aussehenden Blätter nicht. Die Gewöhnliche Stechpalme läuft vor allem von Oktober bis März zur Höchstform auf, wenn die Laubgehölze dann nackt und an den weiblichen Exemplaren der Stechpalme die bis 1 Zentimeter großen, nahe an Stamm und Zweigen wachsenden karminroten Beeren zu sehen sind. Ilex ist streng zweihäusig, die von Mai bis Juni weißen männlichen und weiblichen Blüten wohnen auf verschiedenen Sträuchern. Die vier Staubgefäße einer männlichen, tellerartigen Blüte sind in etwa so lang wie die Blütenblätter und ragen dadurch etwas heraus. Problematisch sind die stachlig bespitzten Blätter, die schon im grünen Zustand verschmäht wurden und vertrocknet gesteigerte Bissigkeit zeigen. Als Gärtner ist man gewohnt, viel mit der Hand am Boden zu arbeiten – das Entfernen von Unkraut oder toten Blättern ist hier immer mit Schmerzen verbunden: ein Griff ins Wespennest oder in ein Bund Stopfnadeln, ganz egal ob mit oder ohne Handschuhe. Hart liegen die Blätter der Stechpalme dann da, oft kaum zu sehen (ein Blatt reicht!). Da muss dann der Rechen her. Die roten Steinfrüchte sollen nach neuen Erkenntnissen nun doch nicht so giftig sein, von ihrem Verzehr ist trotzdem abzuraten. Ein vitales Bild geben vor allem alte Buchen- und Eichenwälder ab, wenn massenhaft immer höher strebende Stechpalmen die Strauchschicht dominieren. Wachsen sie auf frischen, mäßig nährstoffreichen Böden, so deutet das oft auf eine frühere Beweidung hin. Alles wurde vertilgt, nur diese Art blieb übrig und konnte sich eins feixen. Wälder mit ausgeprägter Stechpalmen-Schicht gelten stets als artenarm, hier kann man Zeit sparen und gleich weiterziehen. Da die Zweige aber als Weihnachtsschmuck genommen werden und die Stechpalme als Sinnbild von Weisheit gilt (siehe die unbewehrten, überflüssigen Blätter in oberer Strauchhälfte), ist sie vollkommen geschützt.

Blutstropfen im Getreide – das Sommer-Adonisröschen (*Adonis aestivalis*). An diesem Röschen kommt niemand vorbei, dafür ist es einfach zu spektakulär. Als Vertreter der kalkreichen, trockenen Getreideäcker hat es das Sommer-Adonisröschen trotzdem schwer. Konkurrenz belebt eben nicht immer das Geschäft, es sorgt auch für Verdrängung und Verdruss. Wem erzähle ich das, in der Natur spielt sich auf jedem Fleck der Erde ein Kommen und Gehen ab. Aus diesem Grund verzieht es sich oft an die Ränder und verzeiht weder Düngung noch Spritzduschen. Dieses giftige, aber kecke Hahnenfußgewächs erreicht eine Wuchshöhe bis 80 Zentimeter, an kantigen, graugrünen Stängeln wer-

Typ Kratzbürste

den mehrere bis 3 Zentimeter breite Blüten angelegt. Jede setzt sich aus fünf bis acht blut-, mennig- oder zinnoberroten, selten auch rosafarbenen, sogar gelben Blütenblättern zusammen. Das Farbenfestival wird abgerundet durch schwarze, kranzartige Blütenflecken, die im Innern bis zu dreißig blauschwarze bis dunkelviolette Staubgefäße beherbergen. Wirklich eine Augenweide, da will man nie mehr weg. An bis zu 3 Zentimeter langen, zunächst giftgrünen Fruchtständen sitzen eckige, geriefte und dann auch noch randlich geschnäbelte Nüsschen, die sich am Tierfell verheddern. Mit den Adonisröschen ist wegen der giftigen Herzglykoside bekanntlich nicht zu spaßen, das soll Pferden sogar schon das Leben gekostet haben.

Schlimmer als schlimm – die Beifußblättrige Ambrosie (*Ambrosia artemisiifolia*). Das sagen viele über sie, die

bereits bei jedem bisschen in Panik geraten. Sozusagen Neuwahlen, Pest und Wölfe in einem. Wie kann das sein bei einer Art, die man kaum zu sehen bekommt? Die Beifußblättrige Ambrosie, so heißt es, soll Allergiker und Asthmatiker traktieren – eine zweifelhafte These bei einer in Deutschland absoluten Seltenheit. Dieser anmutige Korbblütler von 1,5 Meter Höhe ist eine Unbeständigkeit in Pflanze, vor allem wird sie durch Vogelfutter verbreitet. In Nordamerika, ihrer Heimat, sah ich Millionen davon an und auf Maisfeldern, keiner regte sich auf. Wochenlang arbeitete ich dazwischen. Sie blüht von August bis Oktober auf Brach- und Lagerflächen, Brachäckern und Müllkippen. Flache, glöckchenartige Köpfchen zeigen Farbe nur durch gelbe Staubbeutel, in hübschen trauben- bis ährenartigen, steif senkrecht bis schräg ausgerichteten Ansammlungen. Als graue, weil starkbehaarte Eminenz, findet die Ambrosia Gefallen vor allem auf sonnigen, eher nährstoffreichen Böden. Jetzt heißt es erst einmal abwarten, ob es sich tatsächlich um eine invasive Art handelt. Wobei alle Pflanzen ja nur die Räume nutzen, die wir Menschen ihnen anbieten – sie selbst spielen ja doch nur immer ihre Stärken aus. So wie wir Menschen es versuchen …

Typ Kratzbürste

Typ Vorwitz

Für den Gelehrten aus Königsberg, Immanuel Kant, gab es kaum ein Fach, mit dem er sich nicht beschäftigt hatte. Er hatte über die «Lebenskraft» geschrieben, über das Feuer und die Himmelsmechanik, kannte sich aus in Metaphysik wie Physik. Nur die Psychologie, die führte bei ihm ein Schattendasein. Schuld daran war die Tatsache, dass der Philosoph sich immer etwas davor drückte, sich konkreter mit der Ethik auseinanderzusetzen – und Ethik und Psychologie hielt er für etwas, das aufs engste miteinander verbunden ist. Aber immerhin tätigte er eine Aussage, die ich hier irgendwie passend finde. So sagte er, zu finden in den losen Blättern seines Nachlasses, dass «immer Gelehrsamkeit nötig seyn (werde), um durch Geschichte den Vorwitz zu zügeln, damit er nicht durch Hirngespinste den Menschenverstand verführe». Wunderbar ist das, als Kratzbürste würde ich da glatt widersprechen. Uns vielleicht sogar zu verstehen geben, dass wir uns von Kant haben einschüchtern lassen, sodass wir tatsächlich den Vorwitz gezügelt, ihn im Kerker unserer Gedanken eingebüßt haben. Dabei sollte man ihn hochhalten, haushoch – bei jeder Gelegenheit.

Vorwitz ist Neugier, ist Mut, ist Wissbegierde, vielleicht auch Kleingeistkrämerei mit Scharfsinn. Denken Sie an den braven Soldaten Schwejk oder den Hauptmann von Köpenick. Natürlich gibt es auch hier eine Negativvariante, die sich als Sensationslust offenbart, als Indiskretion und Schnüffelei und Keckheit, gemischt mit einer Prise Impertinenz. Hier kann Vorwitz leicht in Lästern übergehen.

Das war auch schon Christoph Martin Wieland klar, als er *Der Sieg der Natur über die Schwärmerei oder die Abenteuer des Don Sylvio von Rosalva* verfasste. So hörte sich Don Sylvio, ein Don Quichotte der Märchenwelt, von einem Dorfburschen Folgendes an: «Ich habe schon oft gehört, viel wissen macht Kopfweh; aber wenn einer wißte, wo ihr diese Nacht gewesen seyd, da wir euch in der ganzen Welt suchten, so könnte einer vielleicht errathen, – – mehr sag' ich nicht, ihr könntet sonst meynen, daß ich vorwitzig sey, und euch fragen wolle, und Vorwitz das ist mein Fehler nicht. Was mich nicht brennt, das blase ich auch nicht. Zum Exempel, wenn ich vorwitzig wäre, so hätt' ich wohl erfahren können, warum die gnädige Frau seit acht Tagen so oft in die Stadt fährt; denn unter uns geredt, Herr, ich gelte was bey der Frau *Beatrix*, ob ihr mirs gleich nicht angesehen hättet; Sie hat es hinter den Ohren, das versprech ich euch, wenn sie schon einen so grossen Rosenkranz am Gürtel hängen hat als ein Waldbruder …»

In der Pflanzenwelt geht es beim Vorwitz nicht um Ethik und moralische Vergehen. Da gibt es vorwitzige Blütenköpfe, die sich schon früh aus der Erde wagen, vorwitzige Triebe auf eigentlich unmöglichem Terrain, die immer noch die Kurve kriegen. Letzteres habe ich selbst geschrieben, in meinem Buch *Feders fantastische Stadtpflanzen* – natürlich auch wieder nur aus menschlicher Perspektive:

Turnspaß – das Affen-Knabenkraut (*Orchis simia*). Selten hat mich eine wildwachsende Pflanze so derartig amüsiert wie das knapp 50 Zentimeter hohe Affen-Knabenkraut. Lange musste ich darauf warten, denn diese stark gefährdete Orchidee kommt in Deutschland nur in den absoluten Trockengebieten vor: am Oberrhein, am mittleren Main und auf der Schwäbischen Alb. So geschah es dann im so artenreichen und klimabegünstigten Kaiserstuhl nordwestlich von Freiburg. Athletisch, durchtrainiert, freakig und liederlich turnen am Knabenkraut an die dreißig «Äffchen» je Exemplar von Mitte April bis Ende Mai in einem ovalförmigen und dichten Blütenstand. Es sind die ausdrucksstarken Orchideenblüten, meist rosa, aber auch mal in reinem Weiß, die begeistern. Der Kopf des Affen ist die Blütenmitte, Arme und Beine des so aufgeteilten Mittellappens darunter erinnern an ausgelassen sich von Liane zu Liane hangelnde Affen, mit besonders langen Armen und schmalen Bäuchen. Das hat tatsächlich etwas von Tarzan, geselligen Schimpansen und Urwald. Aber nicht nur das: Zwischen den Beinen lugt noch ein kleiner Fortsatz hervor, daher ganz klar Affen-Knabenkraut und nicht Äffinnen-Knabenkraut. Zum besonderen Schmuck zählen noch viele violette Tupfer auf unteren Blütenteilen. Daher ist dieses verwegen dreinschauende Affen-Knabenkraut eine ganz unverwechselbare und selten frivole Orchidee im ganzen Land.

Fragliches Zeichen ewiger Liebe – das Sumpf-Vergissmeinnicht (*Myosotis scorpioides*). Meine Freundin Steffi hatte gemeint, ich dürfte das Sumpf-Vergissmeinnicht nicht vergessen. Schon gut, schon gut – ist erledigt. Wie kleine, hellblaue Augen mit weißgelben Pupillen lachen einen diese Vergissmeinnichtblüten im Sommer an, die bei dieser Art auch noch verhältnismäßig groß sind. Was daran «wie ein Skorpion» ist, entzieht sich meiner Kenntnis. Aber immerhin gibt es Wasserskorpione, und dieses noch häufige Vergissmeinnicht besiedelt Ufer aller Art und strebt von dort auch mal aufs offene Wasser. Es ist ein kleiner, gewitzter Verwandlungskünstler, denn je nach Nährstoffangebot kann es stark unterschiedliche Ausmaße annehmen und variiert dann zwischen 10 und 100 Zentimeter. Das Vergissmeinnicht ist ja legendär als Zeichen ewiger Liebe und Unsterblichkeit, auch wenn Ersteres in letzter Zeit und Letzteres schon immer kaum der Wahrheit entsprach. Ich selbst habe nie derartige Liebesbotschaften überreicht, nie war rechtzeitig ein Vergissmeinnicht zur Hand, oder es war schon verwelkt. Dann doch lieber ganz ohne kommen, oder mit Gänseblümchen oder ein paar entzückenden Gräsern.

Ein Motor ist nichts dagegen – der Zwerg-Schneckenklee (*Medicago minima*). Im Norden viel weniger als im Süden Deutschlands

kommt man auf seine Kosten mit dem stets fein-behaarten Zwerg-Schneckenklee. Das liegt nicht allein an seiner Wuchshöhe von 10 bis 30 Zentimetern (Wuchslänge wäre bei ihm viel passender), auch nicht an seinen nur von Mai bis Juni gelben und auch noch winzigen Blütchen. Es fehlen hier für seinen Tatendrang einfach kalkreiche, von früher Wärme im Jahr durchflutete Felsfluren, Magerrasen oder Sand- und Lehmgruben. Die fast fünfundachtzig weltweiten Schneckenklee-Arten können einen beinahe rasend machen, so sehr ähneln sie sich. Da hat man beim Zwerg-Schneckenklee noch viel Glück. Denn die bis 1 Zentimeter großen, igel- und kugelrunden Fruchtstände werden bei entsprechendem Wohlsein stets sehr zahlreich und für alle auch lange sichtbar angelegt. Am Schluss der Vegetationsperiode enden sie in einem dunkleren Braun, jetzt bereit, von Tier und Mensch an Fell und Kleidung unweigerlich durch die Gegend geschleppt zu werden, zwecks Fortpflanzung. Das wird befeuert durch kurze Widerhaken am Ende jeder Hülse, jedem Hülschen. Eine Lupe ist hier mal wieder unentbehrlich, dann sieht man die einmalige Gestalt dieser nun leblosen Igelchen. Da kommt kein Motor, kein einziges menschliches Konstrukt mit, was da dem Architekt Natur so eingefallen ist.

Die Sache mit den Rasierpinseln – die Verschiedenblättrige Kratzdistel (*Cirsium heterophyllum*). Um es gleich vorweg zu sagen: Es war ein ganz großer Wurf, botanisch gesehen, diese Verschiedenblättrige Kratzdistel 2015 erstmals in Nordrhein-Westfalen gesehen zu haben. Und das auch noch ausgerechnet im Westen von Bielefeld, keine zwei Kilometer vom Wohnhaus meiner Kindheit entfernt. Dafür aber ganz weit weg von einem sonstigen Areal viel weiter im Südosten des Landes – so viel Schwein und Vorwitz kann man ja kaum haben. Klar, den tausendfach hier wirbelnden Riesen-Schachtelhalm hatte ich bereits als Junge bemerkt: in und an einem schmalen Quellbachtal. Aber dieser bis 1,5 Meter hohen, umtriebigen Kratzdistel, im Juni und Juli im tollsten Hellviolett blühend, war ich nie begegnet. Bei diesen Blütenköpfen rastete ich aus, jeder war so groß und so breit wie ein stattlicher Rasierpinsel, wie diese altmodischen Dinger, die bei meinem Vater immer auf dem Spiegelbrett standen, nebst einer Flasche *Tabac*. Eine Kratzdistelblüte bringt es auf eine Höhe und Breite von bis zu 5 Zentimetern. Also, alles ist sehr ansehnlich, wie an Kerzen- oder Lampenständern in mehreren Etagen. Die Blätter sind ganz unterschiedlich gestaltet, von ganzrandig am Boden und in unteren Regionen bis fiederspaltig ganz oben. Und stets zweifarbig, unterseits schneeweiß filzig und oberseits düster graugrün. Eine strebsame Art, die mich an meinen Nachbarn im Erdkundeunterricht erinnert: der sich meldete, Fragen stellte, diese dann irgendwie selbst beantwortete, aber selten wirklich etwas wusste. Und der Lehrer vergab dafür noch zwei Sternchen …

Mehr Aberwitz als Vorwitz – der Dänische Tragant (*Astragalus danicus*).

Diese Gattung der Tragante aus der Familie der Schmetterlingsblütler hat es so was von faustdick hinter den Ohren, gleich 2300 bis 2500 Arten soll es davon weltweit geben. Da sind wir mit unseren minimalistischen zehn Arten in Deutschland richtig schlecht bedient. Mit 5 bis 20 Zentimeter Höhe ist der so herrlich blauviolett blühende Dänische Tragant, ein Kalk-, Sonnen- und Trockenheitsfanatiker, eigentlich nur zur Blütezeit im Mai bis Anfang Juli mühelos auszumachen. 2 Zentimeter lange Einzelblüten sitzen dicht gedrängt zusammen in eiförmigen Gebilden am Ende blattloser Stängel. Die zarten, bläulich grünen Fiederblätter zählen bis zu einundzwanzig Teilblättchen. Stets in ungerader Anzahl, da ein Blatt immer das Fiederblattende signalisiert – unpaarig gefiedert wird das genannt. Der Dänische Tragant ist eine sogenannte Steppenpflanze. Steppen gibt es aber erst weiter im Osten und Südosten Europas, nicht bei uns und schon gar nicht im Staate Dänemark: Hier fehlt diese Art! Wer ist bloß auf diesen verrückten Namen gekommen? Das muss ein Dänemark-Fan gewesen sein, ich bin ja auch einer, aber das geht dann doch zu weit! Weder witzig noch vorwitzig ist das, einfach nur aberwitzig!

Naseweis der bayerischen High Society – das Glatte Brillenschötchen (Biscutella laevigata).

Eine wahre Augenweide, Festspiele der Natur sind die Herden des Glatten Brillenschötchens. Wie die Bezeichnung «glatt» schon verrät, ist die Pflanze ein an den Stängeln unbehaartes Projekt von 15 bis 40 Zentimetern Höhe. Will man das von Mai bis Juli cremeweiß bis hellgelb blühende Kohlgewächs sehen, muss man schon wieder nach Bayern fahren, genauer ins Alpenvorland. Bayern ist mit rund 70 500 Quadratkilometern unser größtes und auch artenreichstes Bundesland – das Glatte Brillenschötchen gehört also auch zur Hautevolee. Auf steinigen Bergwiesen, Felsvorsprüngen, in Quellmooren und Steinrasen begegnet man diesem ausdauernden, oft sehr gesellig daherkommenden Blumenwunder. Höhepunkt sind brillenartige Schötchen, stets zwei kreisrunde Scheiben akkurat gegenüber an schräg nach oben gerichteten, bis 1 Zentimeter langen Fruchtstielen; zahlreich in Reih und Glied an wenigen Sprossen einer Pflanze. Eine kräftige Pfahlwurzel sorgt für Standfestigkeit im erwärmten Gestein, mäßige Trockenheit, Kalk und viel Sonne sorgen darüber hinaus für sein Wohlbefinden. Aber dann wird die Freude etwas getrübt, diese Art ist sehr formenreich, es gibt davon gleich sieben schwer bestimmbare Unterarten bei uns. Aber damit lasse ich Sie jetzt hier lieber mal in Frieden.

Die zarteste Versuchung, seit es Gräser gibt – die Nelken-Haferschmiele (*Aira caryophyllea*). Der große Wurf, was die Höhe von nur 10 bis 25 Zentimetern anbelangt, ist diese einjährige Nelken-Haferschmiele wahrlich nicht. Das kompensiert das Gras vor allem in der norddeutschen Tiefebene jedoch mit Anmut und Grazie. Im April/Mai kann man sich noch keinen rechten Reim auf diese Art machen, bis auf eine Sache, die erscheint klar: «Ein Gras ist es aber schon!» Doch dann zwängen sich ab Ende Mai aus zahlreichen Blattscheiden graue Sträußchen der total niedlichen Schmielenrispen mit Macht ans Licht, am besten ins Sonnenlicht. In kurzer Zeit entfalten sie sich nicht selten zu ausgeprägten Decken, Wolldecken

Typ Vorwitz

oder überdimensionierten Mausfellen. Oft kleidet die Haferschmiele von niemandem gestörte Stellen ein: Böschungen, Dünen, ältere Sandabbaugebiete, aufgegebene Bahnstrecken oder Wegränder. Auch mal auf Gräber, in sandige Gemüsebeete oder Hauseinfahrten verirrt sich diese verspielt-genügsame Pflanze. Und hat sie es erst einmal ans Licht der Welt geschafft, kann sie, da nur langsam verrottend, in schlohweißer Farbe gut erkennbar, auch noch bis tief in den Herbst gelangen.

Typ Zackig

Will man den Charakter von Menschen und Pflanzen besser verstehen lernen, darf eine Spezies auf keinen Fall fehlen: die Führungspersönlichkeit, die offensiv agiert, nicht viel Federlesen mit jemandem oder etwas macht, die auf Angriff gepolt ist und unverdrossen nach vorne prescht. Sie ist immer auf Draht, immer auf Zack, emotional ziemlich stabil, belastbar, vorausschauend, akkurat und auch mal stürmisch.

Nicht selten kommt es vor, dass große Führungspersönlichkeiten Charisma haben beziehungsweise als charismatisch wahrgenommen werden – der charismatische Leitwolf. Was aber nichts mit Magie zu tun hat, sondern eine Form von Aufgeschlossenheit darstellt. Und diese ist heutzutage notwendig, denn im Gegensatz zu Zeiten, in denen der römische Feldherr und Staatsmann Julius Cäsar herrschte und der seine Untertanen in Schach halten konnte, weil er gleichsam gottgegeben auf seinem Thron saß und darum nicht um seine Autorität kämpfen musste, muss man heute als Führungskraft tatsächlich akzeptiert und respektiert werden. Und das immer wieder aufs Neue.

Barack Obama werden Führungsfähigkeiten und Charisma zugeschrieben, und zwar weil er sicher und eloquent öffentlich reden, aber auch andere mühelos in Gespräche verwickeln und sich ihre Belange anhören kann. Wer etwas erreichen will, muss also in modernen Zeiten sozial auf der Höhe sein, sonst ist es vorbei damit, Leute mitzureißen und sie für bestimmte Ziele einzuspannen. Aber noch etwas kommt hinzu: Führungsstarke Politiker oder Konzernchefinnen sind mit ihrem Körper genauso ausdrucksstark wie mit ihren Worten. Sie haben eine große Bandbreite an Gesichtsausdrücken und Gesten. Ob der- oder diejenige dann letzten Endes mit ihrem «zackigen» Kurs Erfolg hat, steht auf einem anderen Papier. Erfolg hat nicht immer nur mit erfolgreichen Taten zu tun, sondern damit, was in den Köpfen der anderen als Erfolg interpretiert wird. Auch dafür steht ein Barack Obama, leider.

Pflanzen führen auch, haben auch eine Kommandozentrale, und die liegt in ihrer Wurzel, so der italienische Neurobiologe Stefano Mancuso. Die Wurzel, die eine Pflanze im Boden verankert, gibt mit den Nährstoffen, die sie mit den feinen Wurzelspitzen aus dem Boden aufsaugt, die Bewegungsrichtung vor, letztlich all das, was oberirdisch wächst. Mancuso und seine Forscher haben sich mit dem Bonner Team um František Baluška zusammengetan, gemeinsam haben sie die Zellschichten oberhalb der Wurzelspitzen mikrobiologisch untersucht. Es zeigte sich, dass die Zellen in ihnen nach einem ausgeklügelten Schaltplan winzige Bläschen hin und her transportieren, in denen sich Substanzen befinden. Dünne Fäden aus Eiweiß ziehen die Transportbläschen dann durch die Zellen. Das sind die gleichen Eiweißfäden aus dem Zellskelett, die für Muskelbewegungen im Tierreich und beim Menschen zuständig sind.

Baluška erinnern einige gefundene Strukturen an Synapsen, die Schaltstellen zwischen den Nervenzellen. Dort würden Informationen verarbeitet und das wirke sich direkt auf das Verhalten der Wurzel aus. Die Wurzelspitze registriert zum Beispiel Licht oder einen Giftstoff. Die Information wird in die Region hinter der Wurzelspitze geleitet. Hier wird sie registriert und weitergeleitet in die Wachstumszonen der Wurzel. Jetzt weiß die Wurzel, in welche Richtung sie wachsen soll, und reagiert innerhalb weniger Stunden:

Typ Zackig

Von weiblichen und männlichen Chefs – die Große Brennnessel (*Urtica dioica*).

Sie ist eine der bekanntesten Wildpflanzen überhaupt, die Große Brennnessel mit ihren schön gezackten Blatträndern kennt wirklich jedes Kind. Schon früh wusste ich, dass sie zwei Geschlechter hat, auf verschiedenen Pflanzen. Das erzähle ich auch auf jeder Exkursion. Doch dann geschah das: Anfang September 2017 in Soest lavierte ich mal wieder herum, wollte das Kind schon schaukeln und zeigte auf eine Brennnesselpflanze, wobei ich selbstbewusst sagte: «Männlich!» Ein Teilnehmer protestierte da auf der Stelle und apportierte für alle gut sichtbar beide Geschlechter. Ich fragte: «Und wer ist denn nun wer?» Ganz einfach: Die vielen graugrünen und dichten weiblichen Blütenfäden hängen gebogen mehr oder weniger schlaff herunter, in mehreren Quirlen unterhalb der Blätter. Die wenigen, oft nur vier bis fünf männlichen, starreren Blütenfäden stehen dagegen fast waagerecht ab oder sind nur leicht abgewinkelt. «Und wie kann ich mir das merken?», war meine nächste Frage. Erst das Gefeixe der vorwiegend weiblichen Teilnehmer ließ mich verstehen, ich bin ja tief in mir drin eher ein schüchterner Mensch! Das glaubt mir zwar kaum jemand, doch deshalb wird das nicht unwahr. Jetzt müsste ich dafür eigentlich zehn Euro berappen für die imaginäre Chauvi-Kasse, und bei männlich und / oder weiblich fällt mir immer Alice Schwarzer ein.

Auf Draht – die Blaugrüne Binse (*Juncus inflexus*). Standardregeln sind oft Binsenweisheiten, also allgemein anerkannte Thesen, Wahrheiten eben. Aber warum gerade Binsen für die Binsenwahrheiten Pate standen, dafür gibt es diverse Deutungen. Eine geht auf die lateinische Redewendung *nodum in scirpo quaerere* («den Knoten an der Binse suchen») zurück. Ein völlig klarer Fall, denn keine Binse dieser Welt hat jemals auch nur einen Knoten. Dieser Gemeinplatz fand dann im 16. Jahrhundert Eingang in die deutsche Sprache mit der Formulierung «einen Knopf an einer Binse suchen» – was schier unmöglich ist. Eine andere Herleitung bedient sich der griechischen Mythologie, in der Apollon und Pan einen Musikwettbewerb austrugen. König Midas erkor dabei als einziger Pan zu seinem Favoriten, woraufhin Apollon dem König aus purer Kränkung Eselsohren wachsen ließ. Das sollte nun niemand wissen, nur seinem Friseur erzählte Midas diese Geschichte. Der hielt aber nicht dicht und offenbarte es einem Loch im Boden, die Binsen daneben hörten mit und erzählten alles weiter, ihre Binsenweisheiten. Das ging also gehörig in die Binsen – was sich auf frühere Inkontinenz auf oft von Binsengeflecht gepolsterten Bänken oder Stühlen bezog oder auf eine verlorene Beute zwischen unzugänglichen Schilf- und Binsensümpfen, die der Apportierhund nach erfolgtem Abschuss der Beute im Morast nicht mehr wiederfinden konnte. Wie auch immer – hier geht es um die Blaugrüne Binse, sozusagen die wahre Binse, die einzig wahre Binse unter den Binsen, die einfachste und am leichtesten identifizierbare überhaupt. Dass also die auf nährstoffreichen Lehm- und Tonböden sowie an Ufern wachsende, bis 70 Zentimeter hohe Blaugrüne Binse mit ihren auffallend gerillten, innen markhaltigen, ungekammerten Stängeln einen seitenständigen, aufgelockerten Blütenstand, eine sogenannte Spirre aufweist, ist eine ganz alte Binsenweisheit, die daher auch nie in die Binsen gehen wird.

Geschmeidig geht anders – die Sichelmöhre (*Falcaria vulgaris*). Dieser Steppenroller ist eine überaus stachelige Angelegenheit mit halbkugeligem Habitus und silbrigem Glanz. Von diesem elementar hartleibigen Doldenblütler kann ich einfach nicht lassen. Das liegt an seinen weißlichen, gespreizt-ästigen Sprossen, die sich zur Blütezeit von Juni bis September zum halbkugeligen Stelldichein gruppieren. Später lösen sich diese Dickköpfe wie auf Kommando an einer Sollbruchstelle, und der Wind treibt sie über freie Flächen. Da wir bei uns keine Steppen haben, müssen Bahn- und Hafenanlagen, Böschungen, Straßen- und Wegränder, Brachen oder auch wenig genutztes Grünland herhalten. Die Sichelmöhre hat zwei- bis dreifach gefiederte Blätter mit schlanken, leicht sichelförmig gedrehten Abschnitten, die randlich dornig-gesägt sind. Mit durchaus schmerzhaften Konsequenzen bei unsachgemäßer Behandlung. Beide Blattseiten sehen gleich aus, was selten ist, daher der Fachausdruck «äquifazial». Auf diese kugeligen Blütenstände fliegen vor allem Fliegen, Käfer und hochspezialisierte Dolchwespen.

Typ Zackig

Die Blüten zeigen Tag- und Nachtbewegungen (Nyktinastie). Da die Wuchsorte kalkhaltig, gerne steinig und sommertrocken sind, hält die Sichelmöhre weite Teile Nord- und auch Westdeutschlands auf Abstand. Da kommt dann große Freude auf, wenn ich in Bremen einen Wuchsort schon lange kenne und 2017 zwei weitere große bei Verden sowie bei Hitzacker im Wendland entlarvte. Denn selbst München, das gesamte doch von Artenvielfalt so verwöhnte Alpenvorland sowie alle hohen Gebirgslagen haben diese exquisite Sichelmöhre noch nie zu Gesicht bekommen. Ätsch …

Ein Leistungsträger – der Strandhafer (*Ammophila arenaria*). Jedem Strandurlauber sollte dieser Strandhafer von Angesicht her bekannt sein. Da es nur diese eine Art bei uns gibt, sind alle schon mal absolut strandhafersicher. Er wird an der Küste auch Helm genannt, also jetzt Helm ab zum Gebet. Denn diesem sogar von Sandüberwehungen profitierenden graublauen Grasmonster bis 1,2 Meter Höhe verdanken wir einen gehörigen Teil des Küstenschutzes. Er ist ungekrönter Chef der Weißdünen, niemand erzielt unter derartigen Unbilden so überragende Leistungen. Walzenartige, bis 25 Zentimeter lange Ährenrispen erscheinen frisch im Juni / Juli, dann sieht man aber auch noch vorjährige Mumien. Zur Sicherung von Dünen wird der Strandhafer im Küstengebiet planmäßig angepflanzt. Früher war das auch im Binnenland der Fall, wie sich das in und um Bremen in der Rekumer Heide, in den Verdener Dünen und sehr schön in Hamburg in den Boberger Dünen beobachten lässt. Allerdings überall mit nur spärlichem Erfolg: Den hier ausgelaugten Sanden fehlt der Wind und der Muschelkalk-Nachschub. Und immer wenn ich diesen Helm sehe, muss ich an einen Spruch von Ex-Werder-Bremen-Trainer Thomas Schaaf denken, der mal auf eine dumme Frage gereizt einem Reporter erwiderte: «Nehmen Sie mal Ihren nassen Helm ab!» Bestimmt gingen da wieder Bundesligapunkte flöten, was auch dem Helm an der Küste in puncto Sanderosion ständig passiert.

Ritter in grüner Rüstung – der Lanzen-Schildfarn (*Polystichum lonchitis*). Die Natur lässt aber auch wirklich nichts aus. Von schmerzhaft bewehrten Wildstauden und Sträuchern war schon öfter die Rede, dass es aber selbst Farne gibt, die stechen, das haut dem Fass fast den Boden aus. Zu diesen wenigen Erfindungen zählt der wintergrüne Lanzen-Schildfarn. Er produziert in steinigem Gelände meist derbgrüne, schwach glänzende Fiedern zu allen Seiten. Die einfachen, bis 50 Zentimeter langen und den Winter überdauernden Fiederblätter sind am Rand stark stachlig gesägt bis gezähnt. Sie besitzen vorne zusätzlich noch Stachelborsten. Der Farn kriecht in den Alpen bis auf 2310 Meter Höhe und zeigt sich ungemein wehrhaft gegenüber Gämsen, Murmeltieren und Steinböcken. Ansonsten begnügt er sich bei uns inselartig mit dem Harz, dem Sauerland und dem Thüringer Wald. Er ist ein typischer Geröllschuttbesiedler, zwängt sich aus Felsspalten und liebt den Halbschatten mehr als das volle Licht. Ein paar Leute meinen nun allen Ernstes, den müsste man auch viel weiter nördlich im Garten haben … Erstens fehlt er uns hier gar nicht, und zweitens macht er das auch nicht mit; er verkümmert nämlich rasch. Die Natur lässt sich eben doch nicht jederzeit ins Handwerk pfuschen.

Mit Pfeil, aber ohne Bogen – das Gewöhnliche Pfeilkraut (*Sagittaria sagittifolia*).

Das Pfeilkraut ist von friedfertiger, zahmer Natur und lässt durchaus Raum für Mitbewerber. In ihm steckt ein irrer Verwandlungskünstler, was die Vielfalt seiner Blattkreationen angeht. Die bis 1 Meter langen Unterwasserblätter (submers) sind bandartig, gewellt und bis 3 Zentimeter breit. Die Schwimmblätter sind eiförmig, ein Schlitz verrät aber schon den Pfeilkrautcharakter. Bis zu 1 Meter hoch hinaus wollen dann die eigentlichen Pfeilblätter (emers), die in frischgrüner Farbe oft gleich drei schwertähnliche, bis 12 Zentimeter lange Abschnitte zeigen. Dann ist wieder das Spitzenblatt etwas breiter, oder die beiden hinteren Blätter geraten ein wenig länger. Das Pfeilkraut zeigt viele Gesichter, das setzt sich bei den dekorativen Blüten dieses Froschlöffelgewächses fort. Oben befinden sich die größeren, männlichen Blüten mit drei Blütenblättern, jeweils mit einem weinroten Saftmal am Grund, wie kleine Teufelsaugen. Unten sitzen die kleineren weiblichen Blüten an etagenartigen Trauben. Sie gehen dann rasch über in kugelige Fruchtstände, die etwas warzig und von einem ganzen Haufen geflügelter Nüsschen ausgeformt sind. Alles schön ausgeklügelt. Die männlichen Pollen fallen so auf die weiblichen Blüten und deren Früchte dann ins Wasser – bestens schwimmfähig, und das noch zwölf Monate lang. Und weil es dieser von Schwebfliegen besuchten Wasserpflanze noch nicht genug ist, zeigt sie sich als ausgeprägte Kompasspflanze. Bei Sonneneinstrahlung richten sich alle Blätter nur in eine Richtung aus – ausgerechnet nur nach Norden. Damit hätte nun bei diesem sommerwärmeliebenden Pfeilkraut niemand gerechnet. Auch nicht, dass man in Asia-Läden die Knollen der Rhizome als essbare Speisen kaufen kann, die gekocht erbsig und roh nussig schmecken. Und in der Gemeinde Odisheim, nordseenah im daher teils tischebenen Kreis Cuxhaven, prangen drei stilisierte Pfeilkrautblätter seit Jahrhunderten schon auf dem Ortswappen – und jetzt raten Sie mal, warum.

Stramm und charmant unterwegs – der Zickzack-Klee (*Trifolium medium*). Um eine äußerst willensstarke Spezies handelt es sich auch beim Zickzack-Klee. Ein richtiger Wühler, dynamisch-forsch geht er voran. Zickig ist er überhaupt nicht, denn von Zicken und Ziegen wird er nicht gefressen. Dafür ist er mit nur 15 bis 30 Zentimeter Höhe einfach zu flach. Das «Zickzack» resultiert aus zickzackartigen Stängeln und weißlichen, bandartigen Zeichnungen langgestielter Blätter. Die dreiteiligen Blätter sind viel größer und deutlich zugespitzter

Typ Zackig

als bei dem häufigeren Rot- und Weiß-Klee. Der Zickzack-Klee, auch Mittlerer Klee genannt, hat ein Faible für sonnenwarme Säume von Gebüschen, Hecken und Waldrändern. Er treibt sich rum in Magerrasen und lichten Wäldern, an Bahndämmen, Grabenkanten, Straßen- und Wegrändern. Bis 1 Zentimeter lange Blüten dieses natürlichen Bodendeckers im Juni bis Anfang September sind karminrot bis purpurfarben in eiförmigen bis rundlichen Köpfchen. Wüsste man nicht, dass es eine Kriechpflanze und keine Picknickdecke ist, könnte man sich glatt hineinsetzen. Gelegentliches Mähen, Befahren und Betreten macht dem Zickzack-Klee nämlich nichts aus.

Typ Zwangsneurotiker

Die zwanghafte Persönlichkeit hat ein Leitmotiv: «Ich bin, weil ich alles plane.» Nichts möchte sie dem Zufall überlassen, ihr Sicherheitsbedürfnis ist groß, auch das nach Dauer, am liebsten möchte sie, dass alles so bleibt, wie es ist, alles beim Alten belassen. Ordnung ist bei ihr nicht nur das halbe Leben, sondern das ganze. Sie neigt dazu, dogmatisch zu sein und auf ihren Prinzipien herumzureiten, vor Unkonventionellem nimmt sie Reißaus. Und schon gar nicht kann man mit ihr auf große Expedition gehen, da würden ja nur Unwägbar- und Unwegsamkeiten auftauchen und sie aus dem Konzept bringen, sie möglicherweise ängstigen. Was jedoch insgesamt zu einer Sisyphusarbeit ausarten kann, denn das Leben ist nicht starr, sondern ständig im Fluss, alles ist in Wandlung begriffen.

Schlimmer wird es für sie, wenn sie gar nicht mehr aus dem Haus gehen kann, ohne sich vorher noch mindestens fünfmal vergewissert zu haben, tatsächlich den Herd oder die Waschmaschine ausgeschaltet zu haben. Oder wenn sie morgens nach dem Aufstehen im Bad erst einmal alle Toilettengegenstände ordnen muss, die Shampoos und Duschgels nach Länge und Größe, wenn sie die Handtücher zentimetergenau falten muss. Dann ist sie in einem Ritual gefangen, das zu diesen dann zeitaufwendigen Zwangshandlungen führt. Da kann sie noch so sehr wissen, wie unsinnig ihr Vorgehen ist, sie kann es dennoch nicht stoppen. Erst wenn der Kühlschrank fünfmal aus- oder der Türgriff abgewischt wurde, tritt innere Ruhe ein. Gerade zwanghafte Persönlichkeiten sind sehr ordentlich, gewissenhaft, übergenau, pingelig. Statt ins Wasser zu gehen, machen sie lieber Trockenübungen – auf dem Land kennen sie sich aus. Manchmal kann das ganz nützlich sein, denn in Berufen, in denen größte Genauigkeit gefordert ist (Steuerprüfer, Verwaltungsbeamte, wissenschaftliche Mitarbeiter, Gerichtsvollzieher, Politessen), können zu viel Phantasie, Kreativität und Unkonventionalität schlicht zum Nachteil gereichen. Ein Wirrkopf, der in Gedanken ständig woanders ist, auf einer Surfwelle und nicht auf seinem Schreibtischstuhl, wird kaum ordentlich Excel-Tabellen ausfüllen.

Ich hätte es nie für möglich gehalten, aber auch unter Pflanzen ist dieser mir natürlich vollkommen wesensfremde Charakterzug – das war ein Scherz, ich muss Pflanzen zählen und kartieren, unermüdlich und gewissenhaft, dagegen kann ich nichts tun, da werde ich wie von Geisterhand geführt – hin und wieder doch zu beobachten. Was für einen Überlebensvorteil dieses Verhalten bringt, hat sich mir bislang noch nicht erschlossen, außer der Tatsache, sich möglichst zwanghaft zu verbreiten.

Fluch und Segen – die Zitter-Pappel (*Populus tremula*). «Sie / er zittert wie Espenlaub» – wer diese Aussage hört, der weiß sofort, wie dieser erbärmliche Mensch aussieht, wie er vor lauter Angst mit den Zähnen klappert. Im Wind kann man Zitter-Pappeln, auch Espen genannt, tatsächlich sofort heraushören, das klingt für mich wie plätscherndes Wasser oder summende Bienen. Aber sie sind auch flächengeifernd, ignorant, rücksichtslos, unbeherrscht und unduldsam, als sogenannte Pionierbaumart wachsen sie in Kürze alles gnadenlos dicht und zu, sie können gar nicht anders. Sägt man sie ab, kommen munter neue Triebe hervorgekrochen, oft mehr als je zuvor. Des dichten Wurzelwerks unter der Erde wird man niemals Herr, ich kann das aus eigenem Tun bezeugen. In meiner Gärtnerlaufbahn musste ich Bremens größte Heidefläche alljährlich von Zitter-Pappeln befreien, ein Kampf wie bei Cervantes' Don Quichotte gegen die Windmühlen. Man hatte das Gefühl, diese bis 20 Meter hohe Baumart mit dem oft hübsch rautenartigen Rindenmuster lacht einen einfach nur aus. In den letzten Jahren ist die Pappel aber wieder in meiner Gunst gestiegen, seitdem ich auch «in Pilze mache». Auf kalk- und nährstoffarmen Böden, da wo es auch die Espen am liebsten haben, gibt es nicht selten tollste Pilze, von der imposanten Espen-Rotkappe über viele rustikale Täublinge bis hin zur zartesten Binsenkeule, einem etwa 10 Zentimeter langen, ziemlich dünnen Fadenpilz direkt auf verwesenden Zitterpappelblättern. Und bei langanhaltender Herbstsonne können diese Blätter über goldgelb gar leuchtend rot werden, die gekerbten Blätter sind sowieso immer ein Naturgedicht. Zwanghaft nehme ich dann jedes Jahr ein paar mit nach Hause, als Tischdeko.

Menschengeplagt – der Wilde Wein (*Parthenocissus inserta*). Zwanghaft übergriffig ist auch der Wilde Wein. Wein ist ein populäres Getränk von roter bis wässeriger Farbe, an dieser Formulierung sehen Sie schon, dass ich kein so großer Freund davon bin. Ihn trinke ich nur, wenn es absolut nichts anderes mehr gibt. Da ist mir der Wilde Wein mit seinen Haftscheiben und Ranken wesentlich lieber. Er fällt im Herbst mit seiner feuer- bis knallroten Farbe bei einer Höhe von 20 Metern auch viel eher auf. Der fleißige Klimmer stammt aus dem östlichen Nordamerika und ist vor allem durch Vögel und durch Gartenabfälle, achtlos in Wälder und Flussauen verfrachtet, in stetem Vormarsch. Vor allem in Frankreich ist der Wilde Wein in Flussauen regelrecht zur Plage geworden. Bei uns ist er auf dem Schritt dahin – im Wendland an Bäumen fast an jedem Dorfrand, an der B 195 in Lanz in der Prignitz (wo der Turnvater Jahn geboren wurde), in ganz Berlin, in Hannover, in Köln, in Erfurt – überall kesselt, klettert, rankt, vereinnahmt und kreist er ein. Oft ist er ganz bewusst angepflanzt worden, als dienlicher Architektentrost vor kahlen Betonwänden an Autobahnen, zur Fassaden- und Dachbegrünung, um verfallene Scheunen zu kaschieren und hässliche Zäune einzukassieren («Zaunrebe») oder um alte Gefängnisse und Kasernen einzukasernieren. Kurzum, wir Menschen verhalfen mal wieder ziemlich achtlos einer Pflanze zu unverhoffter Arealerweiterung.

Pingeliger Pinscher – die Gewöhnliche Zwergmispel (*Cotoneaster integerrimus*). In meiner Jugend, in der Gärtnerlehre um 1980, pflanzte und schnitt man ständig *Cotoneaster*, in allen Variationen als «Straßenbegleitgrün». Ich nenne das jetzt Pinschergrün, denn außer Dichtmachen fällt vielen von denen wirklich nichts ein. Schneiden Sie mal ständig aus der Hocke heraus diese fiesen, oft sperrigen, innen abgestorbenen Bodendecker, abends sind Sie dann zu nichts mehr fähig. Von weltweit 300 Felsenmispel-Arten sind nur zwei bei uns einheimisch – und die Gewöhnliche Zwergmispel ist die häufigste. Aufgrund ihrer Höhe von fast 3 Metern und ihres akrobatischen, leicht einnehmenden Wesens hat sie nicht Eingang in unser «Ziergrün» gefunden. Das hängt auch mit ihrer Vorliebe für trockenwarme, hängige Standorte zusammen, gerne auch mal auf nur wenig übererdeten Felsen oder gleich aus Felsklüften heraus. Sie bleibt dabei an äußersten Felsen kleben, auch wenn mehr Platz vorhanden ist. Dahinter kann nur eine zwanghafte Neigung stecken. Die recht famosen, runzeligen, vorne zugespitzten Blätter sind 4 Zentimeter lang, filzig behaart und verfärben sich im Herbst bunt. Aus rosaweißen, in kleinen Büscheln angeordneten Blüten gehen, ganz nach *Cotoneaster*-Art, etwa erbsengroße, fast weinrote Beeren hervor. Diese Art zelebriert sich nur im Mittelgebirge, für mich als Fischkopp bleibt nur noch zu sagen: Es handelt sich um ein fast exotisches Rosengewächs, dem ich daher bisher noch nicht oft begegnet bin.

Zwangsjacke für andere – die Wasser-Minze (*Mentha aquatica*).

Sie ist ein häufiges, weil breit aufgestelltes Gewächs. Dieser fast 1 Meter hoch werdende Lippenblütler ist von Juni bis Oktober an seinem leberbalsamähnlich blauen, endständig vergrößerten Blütenkugelkopf zu erkennen. Darunter befinden sich noch weitere Blütenscheinquirle, die aber schon nicht mehr so viel Aufsehen erregen. Die Wasser-Minze geht nicht gerade zimperlich mit ihrer feucht-nassen,

Typ Zwangsneurotiker

nährstoffreichen Umgebung um, da sie an Land mit kräftigen unterirdischen und im Wasser mit derselben Vehemenz nur oberirdischen Ausläufern für Ordnung sorgt – ihre Ordnung! Die sie anderen Uferpflanzen aufzwingt. Sie riecht zwar minzig, aber nicht sehr intensiv, und deshalb ist sie für den Pfefferminztee auch kaum zu gebrauchen.

Auch im engen Korsett unterwegs – die Große Sternmiere (*Stellaria holostea*). Die häufige Große Sternmiere ist eigentlich nur dafür bekannt, im April bis Ende Mai einen ganzen Haufen weißer Blüten an den Start zu bringen. Nämlich immer dann, wenn das ebenfalls weiß blühende Busch-Windröschen kurz vorher seine Schuldigkeit getan hat, übernimmt dieses bis 30 Zentimeter hohe Nelkengewächs den Staffelstab. Sie kann gar nicht anders. Milchstraßenmäßig überzieht sie dann lichte Wälder, Gebüsche und Hecken. Feste Freunde, und nur solche hat sie, sind Eichen und Birken. Die Große Sternmiere, so groß ist die ja gar nicht, liebt nämlich das Licht, manchmal formiert sie sich daher auch am Rand von Heiden, Weiden und Bahnlinien. Trichterartige Blüten vereinen sich, sozusagen im kleinen Kreis, aus fünf weit eingeschnittenen Blütenblättern. Mehrere Blüten wachsen in traubenartig gegabeltem Gemenge, Dichasien genannt. Bekannt ist das Gewächs auch dafür, dass nur ein Teil der Sprossen blüht, andere bleiben steril und scheinen dabei Kraft zu sparen. Völlig ungewöhnlich ist zudem, dass diese bis auf die Nordseemarschen und die Nordseeinseln so häufige Pflanze mit ihren deckenartigen Beständen an der Donau plötzlich abstoppt und auch vom Schwarzwald überhaupt nichts hält. Wie vom Donner gerührt. Ein Zeichen der Sterne? Was mich auch immer wieder irritiert: Sie bleibt auf nährstoffärmeren Stellen hängen, und selbst wenn gleich nebenan mehr Nährstoffe wären, überlässt sie diese Waldbühne dann gern dem auch sonst koketteren Busch-Windröschen!

Nachwort

Ach je, mal wieder viele verschiedene Pflanzenarten – ich konnte einfach nicht anders! Ganz egal, es kommt hier auch nicht so aufs Behalten und Lernen an. Vielmehr sollte diese «Feder'sche Typenlehre» Sie anregen, Natur, Landschaften, Pflanzengattungen, Arten mal aus anderen, vielleicht auch völlig unbekannten Blickwinkeln zu sehen. Mit anderen Augen, eventuell mit neuen. Pflanzen als anregende, aufregende, extravagante, neurotische, unverzagte, wohltätige Kreationen, mal Biedermann oder Schaumschläger, mal Brandstifter oder Schwarm, auch mal radikal und dann wieder ganz verletzbar, mal Außenseiter oder Galerie, mal Gernegroß oder Top-Model. Das Wesen von Pflanzen ist unergründlich, so wie wir Menschen ja eigentlich auch. Achten Sie bitte mal darauf – auf dem Weg zum Bäcker, im Garten, auf einem Spaziergang, im Auto bei Rot an der Ampel, im Zug, im Urlaub oder einfach auch nur ganz entspannt von Ihrem Balkon aus.

Literatur

Adler, Alfred: Über den nervösen Charakter. Grundzüge einer vergleichenden Individual-Psychologie und Psychotherapie. Frankfurt am Main 1990

Bandelow, Borwin: Celebrities. Vom schwierigen Glück, berühmt zu sein. Reinbek 2006

Bandelow, Borwin: Wenn die Seele leidet. Psychische Erkrankungen: Ursachen & Therapien. Reinbek 2010

Benkert, Dieter; Fukarek, Franz, und Heiko Korsch: Verbreitungsatlas der Farn- und Blütenpflanzen Ostdeutschlands. Jena 1996

Carstensen, Regina: Fassadenkorrektur. In: Alles Design. Kursbuch 106. Berlin 1991

Chamovitz, Daniel: Was Pflanzen wissen. Wie sie sehen, riechen und sich erinnern. München 2012

Düll, Ruprecht, und Herfried Kutzelnigg: Taschenlexikon der Pflanzen Deutschlands. Wiebelsheim 2005

Feder, Jürgen: Feders fabelhafte Pflanzenwelt. Auf Entdeckungsreise mit einem Extrembotaniker. Reinbek 2014

Feder, Jürgen: Feders fantastische Stadtpflanzen. Neue Entdeckungstouren mit dem Extrembotaniker. Reinbek 2016

Feder, Jürgen: Feders kleine Kräuterkunde. Das Essen liegt auf der Straße. Reinbek 2017

Grau, Jürke; Kremer, Bruno P.; Möseler, Bodo Maria; Rambold, Gerhard, und Dagmar Triebel: Gräser. München 1990

Haeupler, Henning, und Peter Schönfelder: Atlas der Farn- und Blütenpflanzen der Bundesrepublik Deutschland. Stuttgart 1989

278

Haeupler, Henning, und Thomas Muer: Bildatlas der Farn- und Blütenpflanzen Deutschlands. Stuttgart 2005

Jäger, Eckehart J.: Exkursionsflora von Deutschland. Jena 2011

Kerner, Dagny, und Imre Kerner: Der Ruf der Rose. Köln 1992

Kretzschmar, Horst: Die Orchideen Deutschlands und angrenzender Länder. Wiebelsheim 2008

Mancuso, Stefano, und Alessandra Viola: Die Intelligenz der Pflanzen. München 2015

Oberdorfer, Erich: Pflanzensoziologische Exkursionsflora. Stuttgart 1990

Riemann, Fritz: Grundformen der Angst. Eine tiefenpsychologische Studie. München / Basel 1985

Rothmaler, Wolfgang: Exkursionsflora von Deutschland. Jena 1995

Schirach, Ariadne von: Ich und Du und Müllers Kuh. Kleine Charakterkunde für alle, die sich selbst und andere besser verstehen wollen. Stuttgart 2016

Seybold, Siegmund: Die wissenschaftlichen Namen der Pflanzen und was sie bedeuten. Stuttgart 2002

Sommer, Regina: Bäume – das Haarkleid der Erde. Extertal 2010

Storl, Wolf-Dieter: Wandernde Pflanzen. Aarau 2012

Thoreau, Henry D.: Lob der Wildnis. Berlin 2014

Tompkins, Peter, und Christopher Bird: Das geheime Leben der Pflanzen. Frankfurt am Main 1988

Weber, Ewald: Das kleine Buch der botanischen Wunder. München 2012

Wiesenauer, Markus, und Suzann Kirschner-Brouns: Das große Homöopathie Handbuch. München 2007

Wohlleben, Peter: Das geheime Leben der Bäume. Was sie fühlen, wie sie kommunizieren – die Entdeckung einer verborgenen Welt. München 2015

Dank

An erster Stelle möchte ich den vielen außergewöhnlichen und wenigen gewöhnlichen Arten selbst danken. Dann Regina Carstensen, die mich auch dieses Mal wieder ganz toll begleitet hat. Der Rowohlt Verlag, vor allem in Person von Susanne Frank, hat mir wieder dieses Projekt ermöglicht – auch dafür ein Dankeschön. Vergessen möchte ich auch nicht meine Lektorin Ulrike Gallwitz, die Agentur Miramedia – und meine Freundin Steffi.

Pflanzenregister

Acker-Ehrenpreis 41
Acker-Schmalwand 33
Acker-Steinsame 214
Affen-Knabenkraut 249
Alpen-Aurikel 51
Armenische Brombeere 78
Arznei-Thymian 120
Aufrechter Merk 233
Ausdauerndes Weidelgras 93

Beifußblättrige Ambrosie 245
Berg-Laserkraut 149
Berg-Wegerich 18
Bienen-Ragwurz 187
Binsen-Schneidried 237
Blaues Schillergras 155
Blaugrüne Binse 261
Blutroter Storchschnabel 156
Bocks-Riemenzunge 196
Borstgas 37
Brand-Knabenkraut 64
Bubiköpfchen 143
Buckelige Wasserlinse 48

Dänischer Tragant 253
Doldiges Habichtskraut 91

Doldiges Winterlieb 137
Dreifinger-Steinbrech 202
Dreiteiliger Zweizahn 163
Dünnschwanz 33
Durchwachsenblättriges
    Hellerkraut 40

Eberesche 157
Echte Mondraute 38
Echter Faulbaum 216
Echter Meerkohl 201
Echtes Fettkraut 221
Ei-Sumpfbinse 22
Eichen-Lattich 208
Erdbeerspinat 228
Europäische Seide 239
Europäischer Stechginster 102

Fadenenzian 133
Felsen-Gelbstern 66
Fichtenspargel 220
Filzige Pestwurz 99
Fliegen-Ragwurz 187
Frühlings-Hungerblümchen 16
Frühlings-Spörgel 39

Gefleckter Aronstab 108
Geflecktes Ferkelkraut 69
Gegenblättriges Milzkraut 138
Gelappte Stachelgurke 125
Gelbe Spargelerbse 21
Gelber Zahntrost 232
Gewöhnliche Hühnerhirse 167
Gewöhnliche Moosbeere 23
Gewöhnlicher Schuppenwurz 34
Gewöhnliche Seekanne 152
Gewöhnliche Spinnen-
    ragwurz 187
Gewöhnliche Stechpalme 243
Gewöhnliche Zwergmispel 272
Gewöhnlicher Reiher-
    schnabel 103
Gewöhnlicher Schwimmfarn 77
Gewöhnlicher Seidelbast 112
Gewöhnlicher Wasserdarm 194
Gewöhnliches Bartgras 53
Gewöhnliches Hornkraut 168
Gewöhnliches Katzen-
    pfötchen 136
Gewöhnliches Pfeilkraut 265
Glattes Brillenschötchen 254
Grausenf 183
Großblütige Königskerze 25
Große Brennnessel 260
Große Sternmiere 274
Großer Ehrenpreis 182
Großes Hexenkraut 94

Haar-Federgras 215
Heide-Wacholder 205
Herbst-Drehwurz 63
Herbst-Zeitlose 153
Herzynische Miere 121
Himbeere 229
Hufeisenklee 56
Hummel-Ragwurz 187

Japanisches Liebesgras 177

Kantiger Lauch 148
Kap-Springkraut 175
Kegel-Leimkraut 68
Klebriger Gänsefuß 222
Kleinblütiges Franzosen-
    kraut 164
Kleine Brennnessel 241
Kleine Spinnenragwurz 187
Kleine Wachsblume 27
Kleiner Baldrian 209
Kleiner Wiesenknopf 42
Kleines Immergrün 81
Kletten-Labkraut 161
Knolliges Rispengras 225
Kohl-Lauch 88
Kriechende Quecke 82

Lämmersalat 35
Lanzen-Schildfarn 264

Maiglöckchen 111
Märzenbecher 61
Mauerraute 50
Mehl-Primel 135
Milzfarn 144
Moor-Ährenlilie 70
Moschuskraut 36

Nelken-Haferschmiele 255
Nickendes Birngrün 127

Orientalischer Wiesen-
      bocksbart 137

Pfingst-Nelke 54
Pillenfarn 134
Poseidongras 19
Pracht-Nelke 186
Purpur-Knabenkraut 189
Pyrenäen-Storchschnabel 173

Ramtillkraut 178
Rankender Lerchensporn 238
Rapunzel-Glockenblume 80
Rispen-Segge 52
Roggen-Gerste 41
Rotes Waldvögelein 66

Sachalin-Staudenknöterich 174
Salzmiere 55
Schachbrettblume 126

Schlitzblättrige Karde 20
Schmalblättriges Wollgras 83
Schopfiges Kreuzblümchen 92
Schwarze Tollkirsche 110
Schwarzes Bilsenkraut 109
Schwarzfrüchtige Zaun-
      rübe 224
Schwarznessel 195
Schwimmendes Laich-
      kraut 197
Sibirische Glockenblume 145
Sibirische Schwertlilie 155
Sichelmöhre 262
Sichel-Hasenohr 147
Sommer-Adonisröschen 244
Sonnenwend-Wolfsmilch 90
Spitz-Wegerich 118
Stinkender Gänsefuß 193
Strahlenlose Kamille 204
Strandhafer 263
Sumpfblutauge 241
Sumpf-Bärlapp 213
Sumpf-Dreizack 37
Sumpf-Fetthenne 65
Sumpf-Herzblatt 62
Sumpf-Johanniskraut 146
Sumpf-Pippau 231
Sumpf-Ruhrkraut 32
Sumpf-Vergissmeinnicht 250

Teufelsabbiss 117
Topinambur 119
Türkenbund-Lilie 185

Übersehenes Knabenkraut 63

Venuskamm 100
Verschiedenblättrige Kratz-
   distel 252
Violetter Dingel 165

Wald-Geißblatt 80
Wald-Läusekraut 207
Wasser-Minze 273
Wassernabel 49
Wein-Rose 230
Weißer Krokus 71

Wiesen-Kümmel 120
Wiesen-Schlüsselblume 26
Wiesen-Wachtelweizen 223
Wilder Wein 271
Winter-Linde 128
Winterling 49
Wollkopf-Kratzdistel 101

Zaun-Winde 76
Zickzack-Klee 266
Zierliche Wasserlinse 176
Zierliches Tausendgülden-
   kraut 89
Zitter-Pappel 270
Zweiblütiges Veilchen 67
Zwerg-Schneckenklee 251

Weitere Titel von Jürgen Feder

Feders fabelhafte Pflanzenwelt

Feders fantastische Stadtpflanzen

Feders kleine Kräuterkunde